第一只狗

我们最古老的伙伴

［美］帕特·希普曼 著

卢炜 魏琛璐 娄嘉丽 译

生活·讀書·新知 三联书店

图书在版编目（CIP）数据

第一只狗：我们最古老的伙伴／（美）帕特·希普
曼著；卢炜，魏琛璐，娄嘉丽译. 一北京：生活·读
书·新知三联书店，2024.1
（新知文库）
ISBN 978-7-108-07706-6

Ⅰ.①第… Ⅱ.①帕… ②卢… ③魏… ④娄…
Ⅲ.①犬－普及读物 Ⅳ.① S829.2-49

中国国家版本馆 CIP 数据核字 (2023) 第 162758 号

责任编辑　崔　萌
装帧设计　康　健
责任印制　宋　家
出版发行　生活·讀書·新知 三联书店
　　　　　（北京市东城区美术馆东街 22 号 100010）
网　　址　www.sdxjpc.com
经　　销　新华书店
印　　刷　三河市天润建兴印务有限公司
版　　次　2024 年 1 月北京第 1 版
　　　　　2024 年 1 月北京第 1 次印刷
开　　本　635 毫米 × 965 毫米　1/16　印张 12.75
字　　数　142 千字
印　　数　0,001－5,000 册
定　　价　45.00 元
（印装查询：01064002715；邮购查询：01084010542）

新知文库

出版说明

在今天三联书店的前身——生活书店、读书出版社和新知书店的出版史上，介绍新知识和新观念的图书曾占有很大比重。熟悉三联的读者也都会记得，20世纪80年代后期，我们曾以"新知文库"的名义，出版过一批译介西方现代人文社会科学知识的图书。今年是生活·读书·新知三联书店恢复独立建制20周年，我们再次推出"新知文库"，正是为了接续这一传统。

近半个世纪以来，无论在自然科学方面，还是在人文社会科学方面，知识都在以前所未有的速度更新。涉及自然环境、社会文化等领域的新发现、新探索和新成果层出不穷，并以同样前所未有的深度和广度影响人类的社会和生活。了解这种知识成果的内容，思考其与我们生活的关系，固然是明了社会变迁趋势的必需，但更为重要的，乃是通过知识演进的背景和过程，领悟和体会隐藏其中的理性精神和科学规律。

"新知文库"拟选编一些介绍人文社会科学和自然科学新知识及其如何被发现和传播的图书，陆续出版。希望读者能在愉悦的阅读中获取新知，开阔视野，启迪思维，激发好奇心和想象力。

生活·讀書·新知三联书店
2006 年 3 月

目　录

前　言

人类热衷叙事，在"开端—发展—结局"的叙事脉络中怡然自得。故事对我们而言意义非凡。我很好奇，从重要信息中编撰故事是否为人之本能。

回望过去，探寻人类发展足迹之时，我们常会以倒叙的方式讲述故事，仿佛故事的起点是今天，而非遥远的过去。如同我们若想确定尼罗河的源头，也许会从其入海口向前回溯。我们会追踪主流，轻视甚至完全无视从主流分流而出，或从某处汇入主流的诸多支流。我们不假思索地寻找起点，名正言顺地忽视那些看似微不足道的参差。这种倾向有时会歪曲事件的实际意义。回顾过去，我们对无数可能发生但并未发生的事件无动于衷，哪怕事件的确发生，但若影响不够深远，也同样视而不见。回望人类历史，无数偶然与意外竟被剔除到仅剩寥寥几桩，多少失败、灭亡和祸患无缘无故便消失在历史的烟云中。发展到如今的局面看似命中注定，一切都是预先安排好的，但也是有意为之的。谈及进化及其为人类生活带来的惊人影响时，最为离谱的说法莫过于此。

在这本书中，我将试着以妥当的方式讲述人类历史中伟大的发现。故事是关于我们如何借思维进化，而非借身体进化，即如何在不改变自身身体特征的情况下适应环境。我想讲述人类如何学会与其他物种合作共事的故事，通过合作，我们可以直接借用动物的非凡能力，而不必自己进化出这些能力。这便是人类与第一只狗的故事。

我们与其他物种建立伙伴关系的过程通常被称作"驯化"。我并不喜欢这个说法。首先，驯化一词用法过于广泛，既可用于植物，也可用于动物，而动植物的驯化经历必定大为不同。其次，这个词用法又太狭隘，一般仅用于人类已经牢牢掌控其生殖繁衍的那些动物。两种用法皆不准确。

此外还有一种广为人知的设想：驯化利人，而不利于与人类结伴的驯化对象。这一想法也不正确。目前人类只驯化了少数动物。一些动物虽早已成为人类的驯化目标，但却有意或无意地抗拒了驯化。你或许会认为斑马能被驯化，因为有马和驴的成功经验，对吧？其实不然。19世纪晚期（或20世纪早期），非洲殖民者拍摄的照片记录下了牢笼中挂着缰绳，甚至装着马鞍的斑马。但如果你仔细阅读图下的说明，你会意识到斑马绝对没有被驯化。它们常常踢碎笼子或手推车，又或者拒绝在鞍鞯下劳作。它们会咬人，很难操纵。有些动物园管理员称斑马是园中最危险最好斗的，完全不愿意受人摆布。[1]

被驯化的哺乳动物则很顺从，它们主动选择和人类交往，而且对创造一种亲近人类的新生活非常积极。某些物种的生态位包含人类的生态位或人类创造的环境。如果一种动物的生活环境或生态位和人类的高度重合，那我们就认为这个物种得到了驯化。

　　　　　　　第一只狗：我们最古老的伙伴

这些动物在进化中学会了和人类共同生活，并与人类产生联结。在世界上所有已驯化的动物中，狗无疑被驯化得最为彻底。狗一定是第一种被驯化的动物。[2]

关于动物驯化的过程，有些人猜想是过去的人们抓到了一个动物幼崽，将其驯服并养大，为其配种后再养大其后代（留下友好讨喜的幼崽并杀掉或遗弃其他幼崽），就这样一代又一代——嘿！狼就变成了狗，原牛变成了家牛，野山羊变成了家山羊。还有人猜测当动物发现人类有时会有剩下的食物，它们就以某种方式自我驯化了。这些都并非事实，真相更加复杂。

在写作本书时，我给自己设定了一些任务，其中包括弄明白为何我们常常会对狗驯化的全过程存在误解。本书描述了我们如何以一种全新的方式与地球上其他动物和谐共存。这种和谐共存是一系列复杂、惊喜且有时让人诧异的活动，正是这些活动对人类的生活产生了巨大的影响——人类不仅在进化上走上了捷径，还获得了很多本身不具备的能力。

因为相关证据不足，本书在犬类进化的某些史实和原因上仍然存在未阐明的问题，但是本书提出了一些新观点、新主题，具有一定的意义。因此我认为（或者说我希望）本书让我离真相更近了。

最后申明：本书的很多篇幅谈到了澳洲野狗、大澳大利亚以及澳大利亚原住民。我讨论的人和传统都是历史上的，不代表当代的情况。我无意冒犯任何人，希望书中的相关讨论能如愿体现我的尊重和欣赏，同时也希望我对伟大的澳大利亚原住民及其传统的描述不存在有违事实之处。

狗诞生之前

数千年来，狗一直是人类最忠实的伙伴。讲述狗的历史，即是讲述这一普遍存在、品种繁多、深受喜爱的生物是如何诞生并陪伴在我们左右的。它们几乎成为了人类的一员。我们称其为最好的朋友，很大程度上，事实的确如此。我们像对待孩子一样对待它们，给它们买食物、玩具、衣服、床具，还有很多其他东西。我们在家中搭建小屋，或是辟出专属角落，供它们居住。人类正是在与狗建立合作关系的过程中，学会了如何驯化其他物种，并与它们合作。不过这一过程并非人类刻意为之。不曾有人有意"塑造"狗。我们熟知的狗，与我们一同生活，几乎遍及世界各个角落，替我们暖床、和孩子们玩耍、帮我们放羊、为我们看家、助我们围捕猎物。但我们的祖先并非有意寻找或创造了这一物种。即便真有此意，正常人也不会首选远古的狼作为伙伴。

布朗温·迪基（Bronwen Dickey）所写的关于斗牛犬的文章表明，如今，狗常常代表着人类。如她所言，人们表达对某类狗的强烈恐惧或厌恶时（斗牛犬就常遭到这般对待），实际上是在旁敲侧击他们眼中爱养那种狗的人。说狗坏话比说人坏话要容易接受得多。因此，当我们谈论狗及其物种起源与进化时，同时也在讨论人。在一些文化中，狗和人的形象几乎可以互换。这种现象十分清晰地反映出狗被完全驯化了。[1]

考古学家和古生物学家也利用人狗之间的关联进行研究。有时，比起研究人，研究狗更能帮助科学家了解人类祖先如何迁徙与聚居。新西兰奥塔哥大学教授伊丽莎白·马蒂苏 - 史密斯（Elizabeth Matisoo-Smith）率先将共栖方法应用至基因研究。（共栖是生态学的术语，用来描述种间关系。这两个物种共同生存，其中一方因另一方的存在而获益，而另一方则几乎不受影响。）马蒂苏 - 史密斯发现，人类经常与其他物种共同迁徙，将它们带至别处。这在泛太平洋地区的岛屿与大陆上尤为明显，这里的迁徙活动大多需要船只。猪、鸡、鼠、狗在波利尼西亚分布广泛，但是它们无法自行在岛屿间来往。她意识到，一些物种与人类共栖并被人类转运，研究它们的基因能够有效推进人类迁徙路径的研究。因此，共栖研究可以确证，甚至替代古往今来的人类基因研究。[2]

与其他物种建立共栖关系似乎总是驯化过程的第一阶段。但我认为，用互利共生——两物种互惠互利、价值共享——描述驯养的基础更准确。互利共生一词能最大限度地描述人狗关系。

最重要的是，在第一只狗诞生前，未曾有哪种动物与人类建立过如此紧密的合作关系，并且我确信，也从未有人设想过这种关系。没有人能想到，有朝一日，狼会趴在壁炉前的专属小床上打盹儿。但不可能的事实打实地发生了，而且发生得比想象中更加频繁。踏上与狗一起生活之路，无疑是陌生而奇特的。

光是在美国，与人类共同生活的狗就多达73000000只；放眼全球，估计更是有9亿只之多。有的狗住在人们家中，有的则住在野外。现在，狗的身影遍及除南极洲以外的各个大洲（1994年人类将南极洲的最后一只狗运走了）。在西方世界中，狗被广泛地视为家庭成员；另外一些则更像是工作伙伴，人类喂养、训练它们去完成特定任务。还有些狗既是亲密家人，又是得力伙伴。在某些文化中，一些狗还是人类的食物。无论是现在，还是过去，这都是事实。

但是，请不要只关注不可思议的最终结果，即出现了一种以其身形、体格、颜色、行为的极度多样而闻名的动物。不如让我们一起探寻在遥远的过去，狗还没有诞生的时候，究竟发生了什么。

最初，世界上有种犬科动物叫作灰狼（其拉丁学名为*Canis lupus*）。加利福尼亚大学洛杉矶分校的罗伯特·K.韦恩（Robert K. Wayne）是犬科动物（包括狼、狗、澳洲野狗、狐狸、豺以及其他相似物种）专家，他在犬科动物基因进化的研究领域极富学识与洞见。我和韦恩是老相识，早在他本科时期着手研究犬科动物基因的时候，我就认识他了。经历了数十年的研究工作，他说："尽管大小不同、比例相异，但狗就是灰狼。"不过，我们都清楚狗并不是灰狼。这其中暗含悖谬。家犬与灰狼的基因划分并不明显。据韦恩及其合作者称："家犬与灰狼的线粒体序列最多仅有0.2%的差别。"[3]（线粒体基因是大多数有机体拥有的两种基因类型之一，位于名为线粒体的细胞器中，只能通过母系遗传。另一种基因类型是结合了双亲基因的核基因，储存在细胞核中。）然而，两物种的行为差异十分明显。狗是我们数量繁多、分布广泛的忠诚伙伴。狼则是最令人恐惧与厌恶的天敌，人类总想除之而后快。

第一只狗的物种进化可能发生在以下五个地区：非洲、欧洲、亚洲、大洋洲、美洲。其中，大洋洲基本可以被排除，因为尽管那里现在有澳洲野狗（是否是狗，尚存争议），其历史上却没有能够演化成狗的远古犬科动物或它们的化石。非洲是现代人类最初生存的地区，物种的驯化离不开人类。非洲也有被重新认识的非洲金豺和埃塞俄比亚狼，前者长期被误称为豺，实际为狼，而后者则正好相反，其真实身份是豺——这的确令人困惑。人们认为，北非有少量且种群孤立的灰狼，但历史上，灰狼在非洲大陆上或许并不常见。至少在理论上，美洲可能是狗生长进化的中心地区，也可能成为人类将狗驯化，并使之与灰狼分离的中心地区。但这样一来，狗便不得不和人类一起从美洲返回欧亚大陆。从美洲到旧大陆的大规模迁徙向来被认为是天方夜谭，同时也缺少重要证据支撑。综上，第一只狗的诞生地只剩下两种可能性：欧洲和亚洲。[4]

长久以来，人们一直认为第一只狗起源于欧洲。出现这种观念的首要原因在于此前欧洲学者对亚洲、非洲以及大洋洲并不了解，而且很大程度上不认为这些地区能出现新事物；其二，早期考古学家大多数是欧洲人，因而趋向于在欧洲进行取证。然而，随着近几十年来自全球的信息得到汇集和细致评估，学界对狗的欧洲起源说、亚洲起源说，或者欧亚共同起源说都给予了更多支持。那么，狼和现代人类这两个催生出家犬的基本要素在过去何时何地共存，从而为家犬的出现提供了可能？

灰狼大约于800000年前在欧亚大陆演化形成，远早于约400000年前在同地出现的人类远祖尼安德特人。欧洲灰狼和尼安德特人同为捕食者，有相同的生态角色——生态学家将两者归为一个"同资源种团"①。这就意味着两者一定程度上共享相似的思维、生活方式、习惯以及资源；目标猎物相同，也常在类似的洞穴中睡觉、育儿、保暖。

在第一批现代人类到达欧洲之前，这片土地上栖居着各种各样的捕食者：有巨型穴狮、强健的洞穴鬣狗、大豹、穴熊、大型狼，以及成群的健壮的类狗动物——它们与如今的豺（系亚洲野生犬科哺乳动物，体格敦实）最为相似；当然也有尼安德特人，他们在欧洲生态系统中演化了约300000年。前文所举的那些可怕动物，与尼安德特人和早期的现代人类祖先一样，主要猎食中大型食草动物。这也就意味着动物和人之间存在对猎物（包括活物和尸体）的激烈竞争。窃取其他捕食者的战利品是美餐一顿的理想途径，前提是能将对方驱走；若是失败，不但没有食物，还可能受致命伤。与食物同样至关重要的是大本营——用以避难、饮水、睡觉、育儿、冬眠、熬过坏天气。

尼安德特人和欧洲其他捕食者之间的这种竞争对其行为的影响有多大呢？显然是非常大的。法国人类古生物研究所的考古学家卡米尔·道杰（Camille Daujeard）近期带领团队针对尼安德特人、穴熊、洞穴鬣狗、穴狮、豹、狼等群体的洞穴使用情况展开了细致研究，揭示了这些欧洲冰河时代的捕食者们是如何以某些有趣的方式分享资源、减少竞争的。[5]该研究团队比较了法国中部山地和1000公里之外的比利时默兹河流域在108000～30000年

---

① 同资源种团：指群落中以同一方式利用共同资源的物种集团。属于同资源种团的物种在群落中占有同一功能地位，是等价种。——译者注；以下若无特殊说明，均为译者注

前的洞穴使用情况。该时间段包含了距今约40000～50000年前，现代人类从非洲外溢后首次到达欧洲的历史。洞穴显然是一些肉食者的有用资源之一，包括古人类（或称人类远祖），也即尼安德特人。

道杰和同事们观察了洞穴的形状、动物骨骼化石、人类改造出的石器，以及古骨上能佐证其历史的损伤或纹理，比如肉食者的牙印、割痕或焦痕。团队成员完成数据分析后发现，洞穴的形状是确定其使用者的关键因素。

肉食者是带小室洞穴的主要占有者。腔室若深，再好不过：洞穴鬣狗可将其作为兽窝养育幼兽，穴熊可用其冬眠。它们剩下的是大肆啃咬过的猎物骨头，有时也有子嗣的骨骸。小撮的尼安德特人留下的则是较为干净的猎物骨头和一些石器，他们对这种类型的洞穴使用较少。该研究团队认为这些洞穴是尼安德特人季节性打猎的营地，而非长期的居所。

狼、熊，以及大型猫科动物偏好狭窄、顶高、入口陡峭的洞穴。洞穴中的化石遗迹显示狼和穴熊常用这种形状的洞穴冬眠、穴居、庇护。有时小型羚羊会选择到这种洞穴中躲避恶劣天气，反而增加了死亡的危险，因为这就是进了天敌的窝。尼安德特人不常使用这种形状的洞穴，不过他们中的一小部分有时会将其作为临时营地。

大部分尼安德特人偏好入口巨大或有悬岩的洞穴。他们在其中居留的时间也较长。这种洞穴中肉食动物的遗骸较少，而且它们留下的痕迹——比如骨头上的咬痕——也很少。所以要么就是尼安德特人将肉食动物阻挡在外，要么就是肉食动物更喜欢其他形状的洞穴。

　　　　　第一只狗：我们最古老的伙伴

道杰和同事们进行的这一深入分析从统计数据证明，不同捕食者偏好不同形状的洞穴。这一结论也让我们看到不同捕食者如何适应其他物种的存在和满足自身的需求——他们相互竞争，但又通过资源分流来缓解竞争。尼安德特人族群规模较小，在环境中四处迁移，主要使用当地已知的资源（猎物、石头、水、洞穴）。

　　在欧洲，尼安德特人从其他古人类演化而来，所以他们已经有了很长一段时间来适应栖息地的地形和生态环境。在演化过程中，他们想出了如何避开其他捕食者偏好的栖息地，以及如何避免在打猎时成为别人的晚餐。化石和考古证据表明尼安德特人很可能从未大规模存在，且他们的基因多样性异常低。简而言之，他们是近亲繁殖的。但他们还算成功，因为尽管同一片土地上捕食者众多，但他们还是存活下来了。然而，尼安德特人身边尚未发现早期狗的遗骸。可能他们并不理解驯化其他物种这个概念。他们要怎么理解这个概念呢？——驯化这件事从没发生过。又或者，他们太习惯于回避狼了。无论如何，基于我们目前所知，尼安德特人没有驯化或驯服过其他物种。

　　可能有一些其他古人类在欧洲四处活动，或者可能有小部分神秘的丹尼索瓦人——西伯利亚的丹尼索瓦洞发现了他们的骨头和DNA，因此得名——存在。现有的丹尼索瓦人骨有限，我们无法得知他们的样貌和地域分布，只知道他们与尼安德特人以及现代人类基因不同，因为我们用来辨认丹尼索瓦人的唯一方式就是基因。我们不知道两个有机体之间的基因差异要达到什么程度才会是两个物种。

　　在这个复杂的生态系统里，狼已然存在，因此驯养发生的前提条件便只剩现代人类。（这句话听起来像是说某人或某物试图创造"狗"这一物种，但这样说并不准确。）大约50000年前，早期现代人到达欧洲，其生态系统随即发生了明显变化。欧洲大陆上又多了一个顶级捕食者——人类——加入种团，瓜分资源，这加剧了本就颇为激烈的资源竞争。种团里的动物无不感受到这一变化带来的负面影响，而该地区的被捕食者或许也被连带波及。原先井然有序的资源划分与捕食者间的均势平衡被扰乱了。早期现代人的出现使得当时对猎物、水、洞穴及其他住处的争夺更为激烈。对于尼安德特人而言，新的竞争导致用于制作工具的原材料短缺。生态学家将这种影响整个生态系统的变化称作"营养级联"。狼的数量也因此呈现出下降或停滞态势。当时的气候极不稳定，时而干燥时而潮湿，时而寒冷时而温暖，这可能也使得影响更加显著，迫使狼群寻找避难之地。

早期现代人与尼安德特人均由古人类进化而来，古人类的一支迁入欧洲，进化为尼安德特人，另一支则留在非洲。这一非洲族群不断进化，开发新技术，积累有关当地生态系统及其他物种习性的知识。大约200000年前，我们的祖先在解剖学层面已经完全现代化了。慢慢地，人类的分布进一步延展，扩张到新的大陆，但这并非人类有意为之。我们的祖先全然不知自己已走出非洲大陆，也毫不清楚他们正从一个大陆迁往另一个。或许，他们是受人口压力所迫，顺势迁徙。

大约50000年前，第一批早期现代人来到欧洲中部，在他们面前是全新的资源分布和种类繁多的捕食者。他们的存亡取决于自身寻找资源的能力，以及同其他欧洲捕食者竞争的结果。尽管非洲与欧洲的捕食者种团确有相似之处，例如，欧洲穴狮和非洲狮差别并不大，但早先在非洲学到的地理和物种知识已不再适用。

人类向欧洲迁徙时，始终在收集全新生态系统的必要信息，收集的过程最有可能始于黎凡特——现在我们通常称该地区为中东。这可能是我们的祖先第一次与尼安德特人相遇的地方。

这次相遇绝不平淡。早期现代人从非洲出发，在那里，他们遇到的人类可能都有黑皮肤、黑眼睛和黑头发。最早的现代人又高又瘦，这样的身体构造有助于散热。但尼安德特人却在欧洲单独进化。至少他们中的一些人肤色偏浅，有雀斑，一头红发，眼眸湛蓝。他们的生活方式对力量、体力和耐力有更多要求，也需适应更冷的生存条件，这使得他们相比非洲的早期现代人体格更强壮，肌肉更发达。

他们相遇时，尼安德特人和早期现代人都会利用贝壳、有形状的骨头、赭土等物制作装饰品；这和当下的珠宝、发型，或现代服装上的标语口号无异。尽管没有直接证据，他们也可能像今天的潮男潮女一样，留着独特的发型，身体上有彩绘、文身或割痕。这些努力与创造是为了在个体与群体间建立认同，或是将自己创造的事物打上标记，划为己有。此外，宣称自己归属于某个集体往往意味着自己经常与陌生个体相遇。我们从考古学证据中得知，早期现代人创造这类标志或记号，比尼安德特人要早得多，而且创造得更加频繁。目前还不清楚他们是否拥有真正的语言，但可以肯定的是，他们至少有与同类交流的粗略手段。那么，尼安德特人或早期现代人第一次遇到一群肤色迥异、身体结构不同、言语不通、工具不同、有非同寻常的象征物的"类人"时，他们会是什么感觉？我猜，最合适的形容应该是"不可自抑的恐惧"。恐惧过后，便是深深的好奇。其他人类学家认为，遇见另一种人类时的好奇与激动——这一相对罕见的经历——或许会消除恐惧感，这些货真价实的陌生人更了解新的大陆及那里的资源。他们能提供一些帮助，甚至还开发出了加工新资源的工具或技术。

尽管在文化和身体方面都有差异，但尼安德特人和早期现代人有时也会杂交。我们从原始骨骼中提取的基因组得知了这一点，这些基因组似乎带有两种类型的基因信息。物种间不能交配，也无法孕育后代，这种界定不同物种的旧办法在这里可能要被推翻了。如果两个个体能够并且确实进行了杂交，但他们的后代却处于弱势地位或无法生育，那么他们可能仍属彼此独立的物种。用化石来界定物种实属不易。两类人之所以杂交，也许是因为周围的同类实在太少，所以别无他选，只能在相当陌生又奇怪的生物中寻找配偶。当然，也可能是我错了，"其他"人类或许没有我想象中的那么可怕，而是因为陌生而别具魅力。但现代人类经常仇外，对与自己不同的人并不友善。不论怎样，这种杂交使得现在仍有不少人带有少量（约2%～4%）典型的尼安德特人基因。

最初，人们认为尼安德特人的基因常见于现代欧亚人，而非现代非洲人，这通常被解释为第一批现代人类离开非洲后，在黎凡特与尼安德特人发生了杂交。[6]近期的研究表明，尼安德特人基因在现代人种间分布不均（在非洲人中罕见，而在亚洲人中更为常见）也许是取样样本过少所导致的假象。相较于第一批研究者将尼安德特人的基因与少量现代人类的基因组进行比较，普林斯顿大学的约瑟夫·阿奇（Joseph Akey）及其团队发明了一种新方法，用以识别随时间推移遗传至现代人类中的尼安德特人基因，该遗传过程被称作"基因渗入"。阿奇及其团队研究了来自世界各地的2504个现代基因组（其中有五个来自非洲不同亚群的基因组，而在尼安德特人基因组的原始研究中只取样了几个个体），将之与来自西伯利亚阿尔泰的单一尼安德特人基因组进行比较，阿奇的团队发现，非洲人带有2%～4%的尼安德特人基因（与带有该基因的欧洲人和东亚人的比例相仿），且这些基因几乎与欧洲人所携带的尼安德特人基因无异。这意味着，尼安德特人的基因是在现代人类首次入侵欧洲时通过杂交获得的，而当这些人迁回非洲时，那些基因便渗入到非洲人之中。原先的分析没有注意到这种回迁，加之样本不足，这些因素都导致早先研究得出了现代非洲人明显缺乏尼安德特人基因的结论。部分尼安德特人基因甚至更具优势，并得以留存，尽管其他基因在现代人类中由于负面影响较大而丢失。[7]

现代人类进入欧洲大陆，不仅会遇见尼安德特人，与其基因产生关联，还会遇见灰狼——现代狗的祖先。将狼驯化为狗的两大基本要素同时出现在同一片土地上。

尼安德特人很快（大约在40000年前）就灭绝了。我曾说过，现代人类的到来使得生存竞争更加激烈，从而加快了尼安德特人灭绝的脚步。具体来说，我假设早期人类之所以能在竞争激烈的欧洲大陆获得优势，是因为他们开始与犬科动物建立长期、互惠的伙伴关系。依我看，该伙伴关系发展到最后，便是让凶残的狼演变为温驯的狗——我们最古老的伙伴。有人并不同意我的说法。[8]

我相信，大约36000年前，被我称为"狼犬"（wolf-dogs）①的动物成为了人类的伙伴；它们既不像现在的狗那般完全驯化，也不像野狼。多亏了我的好友比利时古生物学家米特杰·哲姆普莱（Mietje Germonpré）的付出，我们借欧洲的考古发现追溯到了那个时代，找到了它们的头骨、尖牙、下颌骨和肢骨。自2009年以来，哲姆普莱和她的团队发现，人们可以借助数据详细分析早期犬科动物的头骨和牙齿化石，通过其形状辨别化石到底是狼，还是早期的狗。我将这些类狗动物称作狼犬，不是因为它们很像今天的狼狗杂交品种，而是因为它们很像狼，而不怎么像我们今天所熟知的狗。哲姆普莱常称它们为"旧石器时代的狗"。她所采用的技术能够将它们与同一考古点中同时代的普通狼类化石区分开来。事实上，她和她的同事发现，通过数据分析，一些古代犬科动物化石并不应归类为狼，它们在亲缘关系上与人们公认的最早的犬类更接近。[9]

哲姆普莱和她的同事将这一方法应用到欧洲考古点中的骨骼化石，发现有超过40例动物化石不属于狼类，而属于极早期的犬类（或"狼犬"）。令人震惊的是，据现代放射性碳测年判断，这些狼犬大约出现于36000年前，比大家猜测的家犬出现时间都要早得多。（在哲姆普莱的研究之前，人们普遍认为家犬可能最早出现在15000年前。）

人们认定为"家犬"的物种通常和人埋得很近，它们的遗骸被特意埋葬，有时集体埋在规模较大的公墓里，墓穴里还偶有陪葬品。如此富有仪式感的葬仪与墓地无疑说明该物种一定已被家

① 狼犬：介于灰狼和现代犬类之间的物种，外观像狼，但不等于如今的狼狗（家犬的一种）。

养、驯化。而我认为：狗的墓地表明，在人们开始以类似于人类的方式埋葬它们之前，狗就已经被驯化了。毕竟据我们所知，第一批人属的成员并不会相互埋葬。因此我相信，狗能享有接近人类的葬仪，能几乎被当成人类对待，是因为它们已经和人亲密共处了很长时间。

狼犬与现代的家犬不同，它们可能甚至不是现代家犬的直系祖先。要探究两者的关系，有一种方法是分析线粒体DNA，因为线粒体DNA只能通过雌性遗传。细胞中线粒体DNA的含量高于细胞核DNA，所以在年份久远或已降解的样本中，线粒体DNA更容易获取。

迄今，哲姆普莱团队辨识出的狼犬骨头中提取出的线粒体DNA与任何现代狗都不匹配，但却与该团队通过形态分析辨认出的其他狼犬相符。这是否意味着这些狼犬并非现代狗的祖先？——或许如此，但不一定。线粒体基因常常会因为一些偶然事件而失传，比如，母体没有生下雌性后代。每当没有雌性后代来传递母体的线粒体DNA时，这一脉的线粒体DNA就消亡了，除非有另一个个体——比如，母体的姐妹——携带同样的线粒体DNA并生下了存活时间够长的雌性后代。棘手的是，几乎所有线粒体DNA都会随着时间的推移而消亡。因此，目前发现的少数狼犬的母系线粒体DNA已经消亡——或者并未在现有的狗中找到对应的线粒体DNA——这一事实并不意味着旧石器时代的狗和现代狗没有亲缘关系。[10]

无法在受试现代狗中找到狼犬的线粒体DNA或许意味着狼犬并非前者的祖先，以及这些狼犬来自早期一次彻底失败的驯化。但另一方面，这也可能意味着只是这一脉的狼犬灭绝了，而这是常有之事。我对这一点深以为然，因为基于形状和头骨规格辨认出的狼犬化石中检测到了同样的线粒体DNA；此外，这些狼犬饮食相同，且它们的饮食和同一遗址发现的人类和狼的饮食都不一样。图宾根大学的埃尔韦·波切朗（Hervé Bocherens）和同事在比对狼犬骨头和狼骨头的化学成分时发现，这些狼犬主食驯鹿，而同遗址发现的狼和人类主食猛犸象。[11]

可以说狼犬与当时的狼并不一样，而且在外形、基因、饮食、行为等方面都自成一派。但是从36000年前开始，狼犬就只出现在欧洲早期格拉维特人（Gravettian）的领地。在几乎所有包含狼犬遗迹的考古区域都发现了大量猛犸象遗骸，这一现象对较早的考古遗址来说实属罕见。这一发现意味着狼犬可能是由人类喂养，且还被拴起或圈养——这样它们就不会偷窃人类需要或偏好的食物。若是如此，人类对狼犬的这种供养关系很好地显示了两者之间亲密且长久的关系。

在最近发表的一篇文章中，哲姆普莱和另一团队合作检验了以上结论，所用的方法非常成熟，但此前并未被用于狗的驯化研究。该方法即牙齿微磨损分析（DMTA）——个体在临死前的几日或几周内咀嚼的东西会损伤其牙齿，这种损伤又因食物而异；比如，坚果和水果造成的牙齿微磨损就与生肉或菜泥造成的不同。问题在于：这种方法是否能像对头骨和下颌骨的形状分析一样，把狼和早期狗这两种犬科哺乳动物区分开来，以及对骨头样本的化学分析能否将两者区分开来，从而证明它们的生态角色。早期狗是否得到了人类饲喂（或是扫食人类的残羹），DMTA可以帮我们找到答案。如果答案是肯定的，那么DMTA应该显示狗的牙齿上带有更多咀嚼硬脆骨头——而不是肉——所留下的损伤，因为人类不太可能会留下很多肉给狼犬吃。猎物尸体中人类吃起来困难的部分可能就是只带了一点点肉或者骨髓的骨头。[12]

哲姆普莱团队选了下颌的臼齿部分进行细致研究（臼齿用于咬碎骨头等硬物）。他们测量了该处的微磨损特征，并将该处每颗牙齿特定区域的粗糙程度与其他牙齿进行比较。结果显示狼和早期狗的牙齿微磨损特征有明显的不同——早期狗进食了更多硬脆物质。上文的假设通过另一种研究方法又一次得到证实，因而强有力地证明了普热德莫斯蒂（Předmostí）遗址的化石属于两种生态角色明显不同的犬类。几种截然不同的分析方法都得到了同样的结果，因而非常有说服力。

如果早期人类在36000年前与这些狼犬同栖居、同劳动，并且可能还如多方证据显示的那样喂养后者，那可以说我们的祖先做出了一个意义非凡的创举。他们已经明白与其他物种合作并保持亲密关系意味着人类可以"借用"其他物种的能力——具体到狗上，就是在猎物后面几乎永不疲倦快速追赶的耐力和优秀的视力——而无须自己进化出这些特质。

杜伦大学的安吉拉·佩里（Angela Perri）形象地描述了狗与人的关系：猎狗是人用于生存竞争的一种专业且精悍的技术。日本绳文人的狩猎－采集－打鱼文化大约存在于12500～2350年前，并在本州岛东侧留下了110多个单独的狗冢。佩里阅读了有关这些狗冢的日文和英文文献，并检查了尸骨，寻找屠杀的迹象和死亡原因。她认为这些狗在温带森林中专门猎捕野猪和梅花鹿（这两种动物在温带森林中很难猎捕）。她推测狗的地位之所以上升到和人类相似的高度，与它们的特殊能力或在打猎中英勇牺牲密不可分。[13]

在一个如冰河时代的欧洲那样食物链丰富、捕食者众多的生态系统中，与其他物种合作从而以更省力、更安全的方式获取更多食物能带来极大的优势。这种优势可能与欧洲中部突然出现的大量带有很多猛犸象遗骨的格拉维特遗址直接相关；早期的遗址只含有少数猛犸象。拜某种变化所赐，我们祖先猎捕大型动物的能力提高了——但当时的工具或武器并没有大的进步，所以我猜测这种变化可能就是与狼犬合作——这是从狼的行为特征联想到的。如果狼犬和狼相似，那它们就能比人类更高效地找到、侵扰、挟持猛犸象等大型猎物。现在黄石国家公园的狼对园中最大的猎物野牛做的就是这一套。在猎捕时，狼常常会受伤，因为推倒并杀死一只精疲力竭且披伤挂彩的动物危险性很高。但如果有狼犬配合围住猛犸象，人类就能用远距离武器，比如矛或箭，来刺杀无处可逃的猎物。然后狼犬和人类就能安全地在猎杀现场安营扎寨——因为移动一整头猛犸象相当困难——防止战利品被其他捕食者窃取或偷吃。

在人类与狼犬的亲密关系中，如果人类得到的好处是捕获大型猎物的能力，那么狼犬得到的好处就是在猎杀时遇到的危险更少且吃肉更有保障。与人类同住同猎也保护了狼犬不受其他竞猎者——比如某些狼群（狼犬会误入其领地）——的伤害。人类和狼犬很可能也尝到了彼此之间情感联结的甜头，这种联结在如今仍是家犬的一大魅力。

暂时抛开这些细节，简单总结一下50000～40000年前欧洲人类与狗的进化故事。人类扰乱了当时的生态系统，打破了演化千余年的行为和生态平衡。一个显著的结果就是在气候恶化导致竞争加剧之后尼安德特人无法适应，于40000年前左右灭绝。在之后的大约10000年间，冰河时代欧洲很多其他捕食者也在当地或全球遭遇灭绝，包括穴狮、洞穴鬣狗、某些穴熊亚种、大豹以及欧洲豹。早期人类和灰狼后代是欧洲此次灭绝潮中仅存的两种大型捕食者——这就是合作的力量。

我们可能会问：当时其他地区发生了什么呢？上文总结的情况和对证据的解读合理且确凿〔我的《入侵者》(The Invaders)一书中还有更详尽的讨论〕。[14]那么在亚洲也有类似的历史吗？如果是，有压倒性的证据吗？狗能被驯化两次吗？能——因为不同犬类常常可以杂交。有什么蛛丝马迹可以帮我们把人类迁徙与合作的复杂历史拼凑完整吗？我们如何判断呢？

人和狗为何相互选择？

为什么是狗？为什么首先和人类建立这样亲密关系的物种是狗，而不是其他物种呢？

想要回答这些问题，我们要先明白：狗到底是什么？对于这个问题，最简单的解答方式就是，指着与你朝夕相伴的那只动物回答："那就是狗。"但是坦白说，现代狗的外表、身形、体格、行为、性情都十分多样，因此这样的回答并不是一个理想的答案。狗在体格上差异太大了，小到一公斤的吉娃娃或其他茶杯狗，大到一百公斤以上的杂交种猎狗、大丹犬、獒犬和爱尔兰猎狼犬。或者，你可以说狗就是驯化了的狼，这个说法更加科学，但有赘述之嫌。我们知道狗是狼的衍生物种，极有可能是从中东或欧洲灰狼进化而成的，尽管一些学者认为狗起源于中国狼的可能性更大。基因学、考古学及古生物学都有相关证据，但也均未给出确凿的答案。虽然狼和狗之间可以并且确实发生了回交，能生出幼崽，但狼与狗完全不属于同一物种，生出来的幼崽也基本不具备繁殖能力。狗（又或称"家犬"）即是：格外亲切的动物，"我们"的一员，人类社会的一分子。哪里有人，哪里就有狗，它们是人类社会不可缺少的一部分。

与之相对的是狼（学名为*Canis lupus*），野生动物，并不亲切友好。它们是一群高度社会化、敏锐而杰出的狩猎者，对人类并无特殊情感。灰狼亚种众多，其原始分布范围覆盖了北半球的多数地区，分布如此广泛意味着各亚种间的差异相对较小，生活在乌克兰和北卡罗来纳州的狼差别并不大。其外表、大小、颜色，及其他基因特征确实存在差异，但这放在任何种群覆盖如此广泛的物种身上都不足为奇。

《狗是如何诞生的》（*How the Dog Became the Dog*）的作者马克·德尔（Mark Derr）认为："狼天生就有狗性。"他发现狼的祖先和家犬本性相同，能力相近。狗与狼相比，少了某些习性或行为，但又将某些特征放大了，或是更强烈地表现了出来。但是，狗与狼在进化关系上并非加加减减这么简单。至关重要的是，狼群缺少或抑制了与人联结、讨好人类的强烈本能——这却是狗的标志。狗依赖人类，与人类联结，同人类生活。一般来说，狗很爱人类。人类定义了狗最常见的生态栖位①。狼最多只能忍受特定的几个人，这还是在它们从小被圈养的前提下。在各种智力测试中，狗倾向于向人类寻求帮助，和人类幼崽求助的频率一致。而狼就并非如此。狗崽的开放学习和社会化阶段更长，在此期间与人类及其他新鲜事物接触颇为重要；而狼崽的社会化阶段开始得更早，时间也要短得多。对人类而言，要想成功养育狼崽并与之生活，必须很早就捉住它们，然后开始社会化过程。而即便是亲手养大的狼崽，完全成熟后，面对新事物的反应仍比狗更暴戾凶狠。[1]

---

① 生态栖位：又称生态位、小生境、生态区位，或是生态龛位，是一个物种所处的环境及其本身生活习性的总称。

当我试着定义狼与狗的个性差异时，我总会想起多年前驯狗师克里斯·梅森（Chris Mason）给我讲的关于她的朋友薇琪·赫恩（Vicki Hearne）的故事。赫恩写过一些探讨人兽关系的著作。她曾是一名驯兽师，和狼、狗、杂交狼狗（wolfdog hybrids）①都打过交道。一次，她驾车出行，同行的还有一只杂交狼狗和自养的斗牛犬。中途她把车停在了一个环境很差的休息站，四周很荒凉。建筑物又破又小，还有一些不修边幅、烟酒不离手的人在停车场内闲逛。确定没人会来骚扰她和车子之后，她才下车去休息站买了一瓶苏打水。出来时，她看到一帮人聚在车旁。她的斗牛犬反应很激烈，狂吠着冲向车门和车窗，龇牙咧嘴，作势要撕碎这些陌生人的身体；而杂交狼狗则镇静地打量着四周，似乎觉得这一切很无聊，仿佛在说："你们想找她？想要这辆车？我才不在乎！随便你！"[2]

尽管赫恩与这只杂交狼狗一起工作过几周，但它仍没有保护赫恩或车子的冲动，不像斗牛犬那样有责任感，觉得自己应当保护驯兽师的安全和财物。狼是狩猎者，是捕食者。当赫恩捕捉并训练杂交狼狗的时候，她对它来说十分重要。然而，除非人和它一起去狩猎，否则它和人类没有任何共同利益可言，也并不依赖人。对这些犬科动物而言，只有当人类展现出有利于狩猎用的技能和特质时，他们之间才会建立起有限的联结或合作关系。梅森和赫恩认为，要让这些犬科动物与其他物种联结在一起，就得让它们深刻感受到双方有极为重要的共同利益与价值。而故事里的另一主角，斗牛犬则与赫恩联系很是紧密；不仅是在狩猎时，在

① 杂交狼狗：指某一灰狼亚种（除家犬）与家犬的杂交后代。

日常生活中它也会"照顾"赫恩。保护赫恩的安全事关这只狗的生死，这是它活着的首要目标。斗牛犬与赫恩建立了深刻的身份认同。[3]

克莱夫·怀恩（Clive Wynne）将这种深厚的联结称为"爱"。仅仅只是熟悉或者在同地共同生活，对杂交狼狗来说并不足以建立情感联结；它们需要的是共同的是非观——对彼此的信任——以及一套共同的价值观。梅森认为，这种联结基于犬类和人之间内在的认同或共同的目标，是在激情和狂热中生发的。我认为这些表述都指向同一件事：物种之间的驯化或联结是行为上的，而不仅仅是生理或基因上的（尽管在将驯化变成一种永久且可遗传的特质时基因上的变化可能是必要的）。关键在于人与杂交狼狗之间的行为关系变了，而且是首先发生了变化的。[4]

两者共同的是非观，或者说对彼此的信任，带来了第一次驯化。谁会挑凶猛可怕的狼作为盟友和伙伴呢？狼又为什么仅仅因为人类存在或能提供食物就尊重后者呢？把人类换成一头死鹿也是一样的吧？要在杂交狼狗与人之间构建有意义的联系，需要的不仅限于此——两者的联结必须基于内在的共性。

需要澄清的是，我认为在远古没有人有意识地选择驯化狼。我觉得他们把狼崽带回家是因为它们有趣、可爱、惹人怜惜；也因为人类对动物有着无可救药的喜爱，并且深深地需要身体上的接近和陪伴。随着狼崽们长大，我相信很多都被杀死或驱逐了——或是因为它们变得凶猛，或是因为它们随处排泄，或仅仅是因为它们吵闹——没有驯好的狗被送进庇护所也常常是出于这些原因；少数表现较好，它们发现这种身体上的亲密和陪伴足以激励它们与人类长久共处甚至一生相伴。随着时间推移，自然而然地诞生了我称为狼犬的物种——它们与今天我们已知的狗或者犬科动物（包括现代狼狗）都不同。贵宾犬、柯利牧羊犬、指示犬不在我讨论的范畴内。狼犬是考古和古生物资料中可见的狗的驯化的第一步。它们改变了我们的世界，反之亦然。

狼犬不是狼，但和现代狗相比它们更像狼。狼犬与人类某些群体之间建立了尚在萌芽状态的特殊且有力的关系。因为在当时人类本质上是社会性捕食者，与其他物种建立持久联系的条件是对方同为社会性捕食者。有可能狼与人相互观察，发现彼此的目标和成就能与对方的技能互补，从而尊敬起那些技能。狼和人都认为这是个看起来不错（明智、必要、有利）的行为选择。这使得两者的互信与合作成为可能。

人类为什么选择狼？因为狼捕猎时的耐力、速度、敏锐、凶猛让人艳羡。狼为什么选择人呢？狼为什么选择我们呢？人类选择狼是一码事，而狼为何与人类结盟是另一码事。在狼看来，人类光凭身体素质可能是相当糟糕的猎手。但是人类有远距离武器，比如矛、梭镖投掷器、弓、箭，它们不仅提高了狩猎成功率，还降低了弄倒负伤猎物的危险性。考古资料显示，在人类武器没有显著改进的情况下，突然出现了很多有大量猛犸象等大型动物被猎杀的遗址。遗址上还有犬科哺乳动物，比之前数量更多——它们的存在是因为那是它们猎杀行为发生的地方。

工作犬方面的专家雷（Ray）和洛娜·科平格（Lorna Coppinger）猜测狗的驯化开始于某一匹狼——很可能还是一匹孤单、怀孕、在人类垃圾堆中觅食的母狼——自我驯服了，并且开始接近人类的居处，寻求食物和陪伴。这种情况绝对是可能的。但是重点在于已知最早的半驯化的狗的出现远早于固定的村落或垃圾堆。在这种情况下，人类仅仅只是一种食物来源，就像快餐店的袋子一样随时可弃。野生犬类常常避开人类且神出鬼没。同样，一匹形单影只、跟随人迁移的狼若是踏入了本地狼群的领地，就会遭到致命的攻击。[5]

我并不是在夸大其词。在黄石国家公园的一个日子让我至今难忘——那天我看到一匹狼翻过一座小山，可能是计划偷点儿剩下的野牛肉——那头野牛凌晨死于拉马尔峡谷狼群的领地。我站的地方可以清楚地看见野牛的尸体，但距离太远，听不见声音。拉马尔峡谷狼群的成年狼们吃得肚子滚圆，在阳光下小憩，幼狼们则在草地上嬉戏。那匹独狼来自附近的莫里狼群。拉马尔峡谷狼群的首领——一匹代号06的可怕母狼——发现了来自莫里狼群的入侵者后，一场追逐大戏就此上演。刚才在睡觉的狼群一瞬间全速奔跑起来。一番紧张激烈的追逐后，拉马尔峡谷的一匹狼抓住了入侵者的尾巴。灌木遮挡了一部分血淋淋的较量，但依然能看见拉马尔峡谷的狼都投入了战斗。簇簇毛发飞舞，拉马尔峡谷狼群毫不手软。这场对抗大概是12对1。来自莫里狼群的孤狼没能走出那片灌木。这，就是一匹狼试图从其他狼群的领地中偷吃战利品时会有的下场。

第一批狼犬无论是怎么产生的，都是一件极其不寻常的事情。一个人或是一群人能给出足够的条件从而让与之合作看起来很有吸引力吗？我们视力很差，听力一般，嗅觉不好，而且追捕猎物的能力也相对较弱——狼无疑是知道这些的。但是，早期人类懂得打猎的方法，并且非常努力。我们的营地常有食物飘香，我们的篝火温暖明亮。我们知道如何合作和分红。而且我们在较安全的距离刺杀动物的方法近乎神奇。也许这就足够了。

何为狗性？

　　第一批狗和最后一批狼有种共性，我称之为"狗性"，即狗的本质。显然，第一批狗拥有狗性，否则我们也不会将其与现代狗联系起来；但绝不能将第一批展现出狗性的动物和我们今天见到的狗等同起来，因为现代狗的诞生还是后来的事。然而，它们也绝不再是狼了，尽管狗性起源于狼性，二者还有若干一致的特征。前面的章节里，我们已经问过："为什么是狗？"为什么狗最先，也最广泛地被驯化？为什么狗会成为同我们嬉戏、狩猎、远行的同伴，会看家护院、保护牲畜，甚至在极寒天气下同我们抱团取暖？为什么人类有意或无意展开的驯化过程针对的是狼或狗，而不是鹿、野牛或山羊？想要回答上述问题，我们必须知道狗性的本质是什么，以及驯化另一种捕食者并与它亲密生活究竟意味着什么。我将从历史中挖掘证据，来展示这个驯化奇迹的原委。狗的驯化过程解释了我们为什么会与狗建立如此深厚的情感纽带。事实上，我认为情感纽带是最先建立起来的。与拥有狗性的旅伴同行同时改变了人、狗双方，无论是在身体上、行为上、基因上，还是在情感上皆是如此。人类和狗齐头并进，在奋斗中取得了不凡的成就。

究竟何为狗性？作为将较大的犬科动物与其他哺乳动物区分开来的特性，狗性既关乎身形与构造，也关乎犬科动物已然适应的生活方式。尽管外观相似，均为犬科动物，也有若干特质与狗相仿——能够了解、观察、感知，能与同类交流，合作追踪并逐杀猎物——但狼与狗仍判然有别。就其本身而言，狗性包含了某种欲望或动力，驱使着狗成为某个群体（譬如人类）的一员，并与之交流。交流意味着与人类一起生活，或与人类合作；不过从广义上讲，上述两种情况都不是成为狗的必要条件。在现代狗中，这种特性通常表现为渴望与人类共处，建立情感联结并参与人类的生活。在某些情况下，这种强烈的渴望会导致狗产生分离焦虑：该疾病十分常见，当狗与其主人分离，狗便表现得极度恐惧和慌乱。具体说来，分离焦虑的症状有：独处时不停地吠叫或嚎叫，破坏身边的一切东西，随地大小便，有时会因过度舔舐或咀嚼而自残，也可能通过破坏门窗或试图从其他出口逃离。重度分离焦虑无疑会加剧抚养难度，澳洲野狗便是一例。

此外，狗性还包括对声音、气味、入侵者、陌生人、因果关系、轻微运动或无形的气氛变化的某种内在警觉性（对变化的敏锐洞察是这些动物的生存之道，可帮助其捕杀猎物——对于如今人畜无害的现代狗来说也是这样）。狗性也表现为对世界的好奇、聪慧机敏，以及对解决谜题或探索未知的兴趣。喜爱运动及强烈气味也常常是狗性的一部分。狗喜欢奔跑，也需要奔跑。并非所有犬科动物都会展现狗性的方方面面，但家犬、狼、澳洲野狗，即使是最早发现的狗，的确拥有部分狗性特征。狗性普遍而广泛，因此我认为成为狗的方式并不单一。换句话说，不仅狼在驯化后可以成为狗，狐狸、土狼等类狗犬科动物也有可能在驯化后成为狗，它们同样展现出不容忽视的狗性。

狗与其群体紧密相连，组建家庭。现代狗拥有与其他狗、人类、绵羊、企鹅，或它们年幼时接触过的其他动物建立联结的强大能力，这可以称得上是现代狗最为显著的特征。"忠诚"通常被认为是狗的特征，往往是指一只狗与另一只狗联结的能力。克莱夫·怀恩在他的《狗就是爱》（*Dog is Love*）一书中探索了这种能力。他认为忠诚是狗的内在品质，也是它们的关键特征之一。或许他是对的。怀恩将自己对狗的心理学研究与布里奇特·冯·霍尔特（Bridgett vonHoldt）的基因发现相结合，提出了一个迷人而有力的想法。[1]

冯·霍尔特带领团队以912只狗和225匹灰狼作为样本研究了犬科哺乳动物的基因组和单核苷酸多态性（SNPs）。SNPs就是基因组上的某些变异位点，在那里四种核苷酸（腺嘌呤核苷酸、胞嘧啶核苷酸、鸟嘌呤核苷酸和胸腺嘧啶核苷酸）之一被其他核苷酸替换，且替换进来的核苷酸是该物种中相当常见的变种。单核苷酸多态性使个体的基因有了独特性。冯·霍尔特希望能通过观察狗的单核苷酸多态性来揭示基因变化是如何产生的。

冯·霍尔特分析了85个品种的基因型，其中只有少数基因型与灰狼有较大的相关性，尽管现代狼与狗杂交是已知的事实。很多基因看起来是从狗传到狼的，而不是从狼到狗。将每个品种与样本中最相近的基因型进行比对，会发现有几个品种和其他品种相去甚远：巴森吉犬、秋田犬、松狮犬、阿富汗猎犬、萨路基猎犬、萨摩耶犬、西伯利亚哈士奇、阿拉斯加雪橇犬、澳洲野狗、迦南犬、中国沙皮犬、新几内亚歌唱犬和美国爱斯基摩犬。

第一只狗：我们最古老的伙伴

史料显示这几个品种形成于500多年前，公认"古老"，意味着它们很可能是原始品种。冯·霍尔特表示："此外，我们观察到了WBSCR17基因旁边的一个变异位点，WBSCR17是人类出现威廉姆斯 - 贝伦综合征（WBS）的原因……患者的特征之一就是在社交上异常合群。"——这是本次大型研究的意外发现之一。[2]

人类的WBS并不为人熟知，但能够帮助理解基因组成。WBS与至少27个特定的基因相关，可能会造成"小精灵"一样的标志性脸型、某些认知障碍、潜在心脏或肾功能问题——具体取决于被影响的基因是哪几个。同时，WBS患者们相当外向、不会羞怯，乐于与其他人社交。

家犬的基因中有6个WBS基因变异，就像人类WBS患者一样，它们也倾向于主动和陌生人接触。怀恩称这种特质为狗的"爱"：与人类——有时也与别的物种——紧密的情感联结。然而，在人和狗身上，同样的症状出现的原因不同。患有WBS的人缺失了大约27个基因，并且位于缺失部分相邻区域的基因没有完全表达。也就是说，这种基因缺失阻碍了人体中一些常规物质的产生。患有WBS的狗体内发生的基因变异与人不同，但是某些结果是一样的——一些游离物质的插入阻碍或降低了WBS区域4个基因的表达效果——这可能也解释了为什么与狼相比，家犬对人类更友好且攻击性更低。

杜克大学的布赖恩·黑尔（Brian Hare）猜测人类挑选对其更包容且更好交流的狗的过程为驯化狗打下了基础——这一观点和雷·科平格的观点相似。[3]冯·霍尔特团队的基因研究可能已经揭晓了这种包容和沟通是如何实现的。但人与狗之间的这种联系如何维系仍是未解之谜。

客观来说，不是所有我们认为驯化了的动物都有这种与人联结的内在能力——而且番茄、玉米、小麦似乎根本没有这种能力。在对象合适或时机成熟的情况下，一些动物也能发展出情感联结，但植物基本上不会和其他物种产生这种联系。我认为，植物可以被种植，被有选择地培育，但是无法被驯化。

　　狗和人一起进化，并且彼此驯化——这是什么意思呢？意思就是，随着时间推移，两者的基因都发生了变化，使得两者的交流更顺畅，进而让两者能更好地共同生活。这也许可被称为共同进化。我认为这是在发展一种共同的行为语言。

狗有几个诞生地？

有充足的证据说明，人类和狗很有可能在欧洲共同进化。驯化至少需要犬科动物和人类身处同一时空，且二者间的合作有利可图。但光这样还不够，实际情况总是复杂许多，这也是为什么驯化没有发生在同样符合上述条件的亚洲。

欲解开第一次驯化之谜，一种切实可行，却也令人疑窦丛生的方法便是基因研究。

第一只狗是如何诞生的？关于这一问题，人们曾经既无充足证据，也无信服解释，直到2008年对化石骨骼的基因分析有了意外发现。大约50000年前，出现在旧大陆上的不仅有现代人类和尼安德特人，还有长期未被发现的第三种古人类（类人生物）。这一断言几乎完全基于极少量的化石分析，而这些化石出土于位于西伯利亚南部阿尔泰山脉的丹尼索瓦洞穴。自20世纪70年代进行挖掘以来，人们在丹尼索瓦洞穴发现了不少属于早期现代人与尼安德特人的典型工具与饰品。这些文物被用来佐证早期现代人和尼安德特人曾在不同时期居住在同一洞穴，但早期挖掘并没有发现现代人类的骨骼，早期挖掘的记录有时也不符合现代标准。因此，2008 年，新西伯利亚俄罗斯科学院的迈克尔·顺科夫（Michael Shunkov）和阿纳托利·杰列维扬科（Anatoli Derevianko）领导众人在丹尼索瓦洞穴开展了新一轮挖掘工作，致力于发现新一批人类遗骸。经过十年的努力，收获的成果有：三颗牙齿、一小节未成年指骨、一根趾骨和一块毫无特征可言的断长骨。真是少之又少，十分可怜。尽管这些化石显然属于古人类，但它们并不典型，也不完整，参与研究的科学家们无法由此判定它们代表哪种古人类。[1]

于是，顺科夫和杰列维扬科向一个遗传学领域的顶尖团队寻求帮助，该团队包括马克斯·普朗克研究所的斯万特·帕博（Svante Pääbo）和约翰内斯·克劳泽（Johannes Krause），以及哈佛医学院的大卫·赖希（David Reich）。遗传学家能从出自丹尼索瓦的两颗牙齿中提取出线粒体DNA，并从指骨中提取出线粒体DNA和核DNA。而后将这一批线粒体DNA样本与来自5名现代人（一名中国人、一名西非人、一名南非人、一名法国人、一名巴布亚人）、6名尼安德特人、一只倭黑猩猩（侏儒黑猩猩）和一只黑猩猩的线粒体DNA进行比对。作为对照的研究样本虽然数量有限，但覆盖范围广泛。比对结果令人吃惊：新化石的线粒体DNA与现代人类（包括来自西伯利亚的早期现代人）、尼安德特人、倭黑猩猩或黑猩猩的线粒体DNA都不匹配。指骨的核DNA与西伯利亚阿尔泰的尼安德特人基因组不匹配，也与5位现代人的核基因组不同。拿区区5个现代人的基因组代表如今超过78亿人的基因属实有风险，但研究团队更重视风险背后可能的发现。相比之下，丹尼索瓦洞穴的脚趾骨和长骨片段的基因分析显示，其中带有尼安德特人的线粒体DNA。这一发现表明，丹尼索瓦的部分骨头既不属于尼安德特人，也不属于现代人类，而是来自另一种人类。那么，他/它们是谁？[2]

这一发现引出了一个奇怪的问题。没人料到会在西伯利亚发现另一种全新且完全未知的古人类。事实上，对于两个个体的基因差异有多大才能归属于不同的物种，以及必须对多少基因组进行采样才能充分了解物种内的遗传变异性，研究者向来观点不一。造成上述局面的一个原因是，人们对于哪些基因应被涉及各执一词。因为两颗牙齿和一截指骨所包含的有效解剖特征不足，研究者无法借此区分这种古人类；有效的解剖特征也是为其命名的依据之一。尽管如此，遗传学家仍对其发现充满信心：他们有些新发现。他们大张旗鼓地宣布，一种全新且未知的古人类被发现了。因为化石材料与已知的有效信息实在太少，人们没有赋予这未知的古人类一个全新且正式的分类名称，而是为其取了一个昵称：丹尼索瓦人。

但请记住，丹尼索瓦人是全新人种的断言是基于极少的基因组对比做出的：区区数个尼安德特人基因组、54个人类线粒体DNA基因组和5个人类 DNA 基因组，仅此而已。比较样本是否充足，是否足以使我们做出确凿的判断？没人说得准。若是和数量更多的尼安德特人或人类基因样本相比较，可能会表明丹尼索瓦人只是不寻常的尼安德特人，或罕见的现代人。

旧金山州立大学的尼科洛·卡尔达拉罗（Niccolo Caldararo）对上述研究中可能存在的问题直言不讳，他认为尼安德特人和丹尼索瓦人的基因组受到了很大程度的污染与破坏，然而人们一直没有意识到这点。其他学者也注意到，针对尼安德特人线粒体DNA的测序，作为对照的现代线粒体DNA也受到了些许污染。卡尔达拉罗认为，这些污染与破坏导致我们错误地认知了丹尼索瓦人、现代人类和尼安德特人基因序列的差异程度。他的观点在学界未被广泛接受，但他确实很有力地阐明了从化石中提取准确的古代基因组的难度以及由此衍生的不可靠性。[3]

倘若我们谨慎地假设，尼安德特人、现代人类和丹尼索瓦人之间的遗传差异都或多或少被正确识别，并且足以显示出物种差异，那么它们意味着什么？颇为有趣的是，尼安德特人和丹尼索瓦人都在洞穴中留下了若干骨骼，而现代人类却没有。他们何时栖居在那里？以前应用于丹尼索瓦洞穴遗迹的测年技术要么可靠性成疑，要么没有采用现代净化技术。而现在，来自牛津放射性碳加速器部门的地质年代学家汤姆·海厄姆（Tom Higham）及其团队能够重新确定洞穴中一些带有烧伤和切割标记的动物骨骼的年代（这些骨骼显然是被古人类改造过的）。他们测定了一块在丹尼索瓦洞穴新发现的保存完好的尼安德特人肢骨碎片，测定结果是该样本至少有50000年的历史，甚至可能更久。（即使使用了严格的去污程序，放射性碳日期对于50000年前的遗骸也是不准确的。）目前还没有出自丹尼索瓦洞穴的现代人类骨骼可以尝试测定日期。[4]

出土于中国甘肃省夏河县高海拔洞穴的部分颌骨似乎也属于丹尼索瓦人。2010年，这块化石由一位进入洞穴祈祷的和尚发现，但直到2018年才引起古人类学家的注意。不幸的是，化石被发现时的确切位置已无法考证。一层碳酸盐硬壳附在化石表面，研究者推断该硬壳是在化石被掩埋的过程中形成的，并以此间接推断该化石估计在160000年前形成。遗传学家无法从化石中提取线粒体DNA，但从颌骨中提取的胶原蛋白（胶原蛋白是骨骼和牙齿中的关键蛋白质）与丹尼索瓦人的相似。综上，颌骨的年代和身份都尚未明确。然而，夏河颌骨的第二颗臼齿似乎有三个牙根，而不是两个，这是属于包括美洲原住民在内的亚洲衍生人种的特征。相邻的第一颗臼齿缺失，但这是发生在死亡之后的事。这颗牙齿的牙槽表明它也有三个牙根。[5]

G. 理查德·斯科特（G. Richard Scott）及其同事在最近的一篇论文中提出了一些问题，他们指出，臼齿三个齿根这一特征在亚洲人下排的第一臼齿中出现的比例很高，而不是第二臼齿。因此，夏河颌骨与丹尼索瓦人解剖结构之间的联系可能并不像看起来那样可靠。[6]

另一个出乎意料的发现是，部分现代人仍然带有一些丹尼索瓦人的基因，特别是ETAS-1基因。这一基因也存在于现在中国的藏族人中，他们凭借该基因来帮助自身适应与高海拔地区生活相关的低氧水平。然而，丹尼索瓦人的基因也存在于新几内亚人、布干维尔岛人、澳大利亚原住民和一些来自东南亚岛屿的群体，以及南美亚马孙流域、中国西藏和欧亚东部部分地区的一些土著人中。我们至少可以判定，这是一种极其特殊的地理分布情况：跨越巨大的地理障碍，其中包括太平洋和几座山脉。此外，经鉴定携带丹尼索瓦基因的现代人很少生活在高海拔地区，因此这些基因的留存没有特别意义（丹尼索瓦洞穴也并未分布于高海拔地区）。当现代人携带丹尼索瓦基因时，丹尼索瓦人与现代人不是同一物种的断言能否获得科学支撑？[7]

坦白说，对于大概50000年前谁住在哪这个问题，我们没有一张清晰的地图。我们知道早期人类从非洲外溢，他们中的一部分遇到了尼安德特人，且很可能在黎凡特杂交；在早期人类继续向北扩散到欧洲，然后向东扩散到北亚的过程中，又生出了一些携带少量尼安德特人基因的后代；东扩途中，早期人类可能会遇到丹尼索瓦人并与之杂交。几乎可以肯定，有些人会迁回非洲，基因也因此迁移。与之前的观念不同，我们如今知道现代非洲人确实带有少量尼安德特人的基因。还有一些人再次杂交，又得到了一些基因，之后很可能外迁到了白令陆桥——该地曾经连接起亚洲和美洲，目前已经由于海平面上升而沉没。此次通向美洲的外迁带上了一些丹尼索瓦人的基因。大多数古生物学家认为此次迁徙最早发生在大约20000～30000年前，但这一点存在争议。虽然大多数与现代人类有亲缘关系的古人类显然不带有丹尼索瓦人的基因，但小部分古人类确实带有。2015年，秦鹏飞和马克·斯顿金（Mark Stoneking）进行基因分析后发现，现代人类带有多少丹尼索瓦人的基因与他们的新几内亚和澳大利亚土著血统相关，且前者的影响大于后者，尽管这两种血统的亲缘关系十分紧密。在大约8000年前，新几内亚和澳大利亚大陆之间有陆桥相连，就像如今两者通过托雷斯海峡相接一样。在澳大利亚变成独立的岛洲后，是否大部分丹尼索瓦人的基因进入了大澳大利亚地区（新几内亚、澳大利亚大陆、塔斯马尼亚及周边群岛）？或者说它们是否被东亚人带入了大澳大利亚？[8]

那意味着什么呢？为什么没有更多的丹尼索瓦人的基因通过杂交和移民得到传播呢？这一发现无疑意味着大多数丹尼索瓦人的基因对现代人类来说不是适应所在地环境的优势基因，而且可能早期现代人 - 丹尼索瓦人或尼安德特人 - 丹尼索瓦人混血儿的生育能力较差——这导致了丹尼索瓦人的基因携带者逐渐灭绝。

从线粒体DNA来看，基因上丹尼索瓦人与尼安德特人的亲缘

　　　　　　　第一只狗：我们最古老的伙伴

关系近于现代人类与尼安德特人的关系，这意味着丹尼索瓦人是尼安德特人的一个姐妹人种，而不是后者的祖先或后裔。过去到底有多少种古人类仍然成谜。

丹尼索瓦人从何而来？这一点让人类的迁移历史变得捉摸不透又耐人寻味。棘手的是丹尼索瓦人在大约50000年前到达西伯利亚之前几乎无迹可寻，除了一个距今可能有16万年（具体时间不明）的残缺下颌（该下颌发现于青藏高原上的一个偏僻洞穴中）。丹尼索瓦人在50000年前一定到过某处，但我们不知是何处。如果他们到达的是中国的青藏高原，那么出土于中国甘肃省夏河县，此前暂时被认定为丹尼索瓦人遗骨的下颌就得到了证实。现有的少量遗骨相互之间差异不大，我们只能通过基因研究来辨认历史超过50000年的丹尼索瓦人。但是现有的技术又不足以对夏河发现的下颌做基因分析。在中国的马坝、徐家窑、丁村和金牛山也发现了距今约60000年的亚洲古人类化石，但我们不知道这些化石来自丹尼索瓦人还是其他人种。

在某种情况下，带有丹尼索瓦人基因的人从西伯利亚洞穴向东南方向进发——这段历史在化石和考古资料中仍无迹可寻——然后在大约45000年后到达了青藏高原。在那里，驯养的牦牛对每年逐水草而居的居民非常重要——它们能繁殖出更多牦牛，提供肉、奶、皮、运力或能量、毛及掩体；牦牛粪便还能在寒冷、严酷、树木稀少的环境中充当燃料——但牦牛直到大约5000年前才被驯化。在那之前，人类可能只是季节性地到高原居住，然后在条件稍好些的山谷或低地度过最寒冷和艰难的几个月。丹尼索瓦人的一些基因能帮助中国的藏族人轻松适应高海拔地区的生活——这种地区气压较低，容易导致血氧含量不足。迄今，这些帮助中国的藏族人应对低血氧水平的基因并没有在其他受试样本中出现——仅有的例外是两个生活在低地的中国汉族人。[9]

这两位汉族人的基因是通过"1000基因组项目"收集得到的，该项目始于2008年，通过国际合作对全球至少1000人进行采样，从而建立一个综合的人类基因库。在全球78亿人中只采样1000人看起来相当微不足道——由此得到的数据库难免覆盖不到众多族群，他们通常来自大洋洲。很多族群只有少数个体参与了采样，比如上文提到的两个中国汉族人。毫无疑问，该项目中样本的不足解释了为什么丹尼索瓦人的基因在中国藏族人以外只出现在两个汉族人身上；如果要肯定地说丹尼索瓦人的基因在中国藏族人以外非常罕见，显然我们需要更多样本数据。[10]

究竟为何丹尼索瓦人有适应高海拔的基因？丹尼索瓦洞穴基本上是唯一确定的丹尼索瓦人居住遗址，而且该地海拔不高。为什么他们有那些基因呢？距今50000年前，他们生活在丹尼索瓦洞穴；5000年前左右，他们显然与牦牛一同移居至青藏高原——那么在这两个时间点之间，他们在哪里呢？如果就像夏河下颌所指示的——16万年前丹尼索瓦人住在青藏高原——那他们是如何在没有牦牛或没有牦牛粪生火的情况下存活下来的？

一些带有丹尼索瓦人基因的现代人后来居住在新几内亚、澳大利亚、布干维尔岛，也有些成为大洋洲的特殊群体，比如菲律宾的马曼瓦人。对于这些人的祖先来说，那些高海拔适应型基因并不是有用的或者优势基因。随着丹尼索瓦人（或者说他们的基因）从西伯利亚向南和向东远迁，中亚显然很少有他们的身影。

另一个重要的未解之谜是现代大澳大利亚人是怎么得到丹尼索瓦人基因的。学界普遍推测这些基因是沿着印度南部海岸迁移

第一只狗：我们最古老的伙伴

到现在的印度尼西亚，然后再到达大澳大利亚的，但能证明这一点的化石证据寥寥（其他路线的佐证也同样不多）。我们已知人们只能坐船到达大澳大利亚，那么第一批澳大利亚人可能是来自沿海而非内陆地区。所有推测的路线都穿过了亚洲（Sunda）和大澳大利亚（Sahul）间的动植物区华莱西亚（Wallacea）。可惜该地考古遗址不多。[11]

穿过华莱西亚之后，还有很多途径可以到达澳大利亚，其中对人类来说成本最低的一条被称为北路。这条路穿过了很多岛屿，包括苏拉威西岛（该岛随着海平面下降而出现或变大）。大澳大利亚最有可能的登陆点是米苏尔岛，该岛位于新几内亚以西，曾经是大澳大利亚的最西部。正如学者希莫纳·凯利（Shimona Kealy）、朱利安·路易斯（Julien Louys）、苏·奥康纳（Sue O'Connor）所说：

> 这条路长度更短，而且总是容易被看见，因而这条路是所有模型里可能性最大的。不过，早期华莱西亚居民仍然有可能用其他路线在群岛间迁移或者前往大澳大利亚。然而，模型显示，考虑一切变量后，北路——从苏拉威西出发，穿过奥比或塞兰，最后在新几内亚鸟首（米苏尔岛）登陆——是最容易的路线，因而这可能是人类最早采用的从华莱西亚进入大澳大利亚的路线。[12]

很久之后，另一些人从北亚穿过白令海峡进入美洲，带来了丹尼索瓦人的基因。这些基因可以不留痕迹地向南传播，进入南美（无形的证据）。这并不必然意味着丹尼索瓦人自己迁移到了美洲，而且很可能他们并没有迁移，因为基因可以在当地通过杂交在各个人种之间"传播"——在新的证据出现之前，这个解释对我来说可能性最大。尽管远古时期不同人种的迁移和彼此的杂交仍然存疑，但有一点是确定的——在大约50000年前的欧洲和亚洲，都同时存在着狼、现代人类，以及古人类，两个大洲上都有可能出现第一只从狼驯化而来的狗。

但是，这件事确实发生了吗？

何为驯化？

第一只狗是在亚洲还是欧洲进化的？想回答这个问题，我们需要回过头来为"驯化"寻找一个妥帖的定义。从词源学角度来说，"驯化"的含义非常具体。该术语源自拉丁语"domus"一词，意为"住宅"或"房屋"。从最广泛的意义上讲，驯化指的是令动物或植物适合或适宜在房屋内生活或生长的过程，即令它们与人类亲密共居，俨然成为家庭的一员。

该定义包含广泛，但即便如此，驯化的确切含义依旧难以捉摸。植物也是驯化而成的吗？诚然，大家会把一些植物称作驯化植物，它们需要人类精心照料和培育，有时还需要人工授粉，或是通过人工选择对其进行基因改造，以获得理想优品。我并不是要讨论植物基因工程的最新进展，也不关心如今家喻户晓的转基因作物，诸如大豆之类。几千年来，猎人、采集者、觅食者、园丁、农民和不同物种的饲养者在自然中，而非在实验室里，通过老式的方法进行基因筛选。比如，如果你想培育带有白色条纹的紫罗兰，你会怎么做？想必你会试着保留并培育那些长出白色条纹的后代，拔除那些没有条纹的，直到能稳定培育出你心心念念的品种（只要持之以恒，这便是必然的结果）。

我们可以理解挑选理想植物的一般原则，例如，选择在特定条件下收获最丰的品种。但理想虽美，实践起来却颇为不易。什么品种最诱人？恰恰是那些能够长出丰富果实、种子、块茎的植物，可它们又是你必须储存下来，在下一次耕种时使用的品种。如何取舍最为合理？是什么原因推动人们开始保存优质种子？这些问题并不好回答。已故的动物学家布赖恩·黑塞（Brian Hesse）曾观察并研究早期驯化过程，他发现缺乏食物甚至忍饥挨饿的人群不会为下一季或明年储存食物。原因很简单，他们只想活到下周。[1]

在相对宽裕、生存压力较小的时期，人们才可能养成把种子存储下来的习惯，那时食物富足，便可以保留下来一些，当作遥远未来的保障。这意味着驯化的起始动力并非是为了确保稳定的食物供应，因为只有当人们已经有足够的食物时，才有可能开始尝试驯化。长远来看，驯化植物似乎是为了改良植物品种。但和驯化动物不同，你从不会想植物是否乐意见到你，或是它能否与孩子融洽玩耍。

况且严格来说，人工种植的植物或庄稼并不必同人类一起生活，也不必养在家中。像坚果和水果这种长在树上的喜光植物根本不可能在室内生长。尽管这些植物的生存需求和位置有可能影响人的日常与季节性活动，还会影响人在哪儿定居，但它们绝不会主动参与人类的家庭生活。它们不会变成家庭的一员。收种庄稼的人与庄稼之间的关系说远也远，说近也近，谁又能说得清楚呢？

越是思考植物的驯化，"驯化"这一概念就越模糊。最早的农民或园丁并不了解繁殖或遗传机制，也不知道如何利用特定植物施肥，更别说培育更大的球根、更多汁的果实、不开裂的种尖（这样更便于收割）或是富含碳水化合物的块茎了。驯化植物从来不是为了找出对人类友善、最不可能攻击人类的植物。但是久而久之，经验累积再加上好运相伴，人类祖先的确掌握了改写某些植物基因的方法，从而培育出了更为优质的品种。这一发现通常被称为新石器时代的革命，或农业的曙光。人们普遍认为它发生在大约11000年前。农业作为一种组织化的粮食种植体系，使一部分人类摆脱了狩猎、采集的生活模式。他们不再流动，而是定居下来，成为靠土地生活的农民，紧紧依附于田地、村庄和住宅。[2]

起初，新石器革命并不像想象中那么美好。研究表明，因为饮食结构单一、主食种类受限，刚刚步入农业社会的原始人整体健康状况有所下降。主食结构单一意味着人类更容易遭受天气变化的影响。降水过多或过少、气温过低或过高、生长季过短等气候变化都会令人食不果腹。当然，植物病害也时有发生，一旦爆发，由于整片田地往往种植同一种作物，因此病害十分容易扩散。种植农作物还拉长了人们驻留某地的时间，附带了一系列卫生、供水及传染病问题。与狩猎和采集相比，务农使更多人生活得更紧密，但同时也为传染病与寄生虫的传播，以及在恶劣年份反复发生饥荒创造了绝佳条件。

农业还诱发了更为频繁的战争。在以狩猎和觅食为生的游牧人群中，解决争端的方式常常是迁徙，即一方远离另一方。但打理田地、修建篱笆、种植与照料庄稼，以及建造储存设施都要耗费大量的人力，谁都不愿意推翻重来，因此人们开始保卫领土，或者在收成不好、年景不佳时袭击他人的领地。袭击者会掳走多余的食物，如下一年的种子和过冬的蔬菜。迁徙不再是首选：相较于在猎物变少、家族成员产生分歧时更换狩猎点，抛弃粮食储备和料理得当、种植植物的田地显得过于冒险。

就目前所知，植物的驯化大约始于11000年前近东的无花果树、二粒小麦、亚麻和豌豆。大约在同一时间，谷子在亚洲受到驯化。我们是如何得知的呢？依靠特殊条件下得以保存的植物遗骸。种子是可以保存的，人们过去也的确保存了一些。许多可食用植物还含有淀粉粒和植硅体，这些微小的二氧化硅结构比叶子或根茎更能抵御腐烂。这些物质亦可用来识别人类曾利用过的植物；我们可以用放射性碳测年等技术测定人类是何时开始利用它们的。

过去，人们通常认为植物的驯化先于动物；而现代科学研究表明这种想法没有任何逻辑支撑，事实层面也是错误的。驯化作物的特性与需求，同狩猎或采集而来的食物相去甚远。种植小麦的方法对于养猪来说没什么借鉴价值。与田地一样，猎物丰富的狩猎场也可能遭到入侵，需要人们捍卫。但我们要考虑到大多数猎人与采集者都是游牧人群，因生存条件受限人口密度偏低。他们不会长期滞留在一个地区，因为那样会耗尽当地的猎物。农民可以储存粮食，为未来考虑，但生活在温带和热带地区的猎人却无法储存生肉（只有严寒天气才方便储存肉类）。于是一直以来，农作物比动物尸骸更容易被盗贼惦记。

驯化动物涉及其他问题。家畜一般不会被猎杀，事实上，它们并不总是被圈养，而是更有可能被自由放养。相较于田地、谷仓和成堆块茎，家畜也更具行动能力，因此更容易和人类一起迁徙。这些家畜甚至可以在迁徙时帮助人类运送行李。转运家畜与转运作物完全是两码事。

那么我们为什么要用"驯化"一词同时描述植物和动物被培养的过程呢？我认为，这是一个因观点过时与错误假设而导致的严重错误。驯化从来不是一个单一的过程。在我看来，动植物的驯化极为不同，因为可被驯化的野生物种，其习性总是相去甚远。若要驯化动物，除了用原始或现代的方法改变其基因（令某些个体拥有更理想的习性与特征），作为驯化目标的动物还必须在一定程度上主动配合。换言之，动物驯化成功与否，得看动物是否乐意被驯化。而植物并非如此。与动物一样，植物必须经由遗传变异，人类才算是成功驯化了它们。不同的是，植物无法决定自身是否要配合人类，按人类的需求生长；而动物则会做出选择，决定是否配合人类。

围绕动物驯化的科学讨论要追溯到19世纪，这是查尔斯·达尔文（Charles Darwin）和其表弟弗朗西斯·高尔顿（Francis Galton）所处的时代。在当时，农业是一种重要的谋生方式，小到家庭经营的小农场，大到贵族的庄园或种植园皆是如此。人们往往依附于他们所耕种的土地或服从于其封地的地主。

1865年的一篇文章里，高尔顿颇具先见之明地阐释了适合驯化的动物身上具有的关键特质：

1. 适应力强［这样才能被人豢养］；

2. 天生对人类心存好感；

3. 喜欢安逸；

4. 有助野蛮人生存［高氏认为是野蛮人驯化了动物］；

5. 自由繁殖；

6. 应为群居动物。[3]

　　他所设想的驯化过程是：通过精挑细选，选出最为理想的驯化对象，而后将最优特征延续给后代。一段时间后，

> 群体中那些始终无法驯服的个体便会彻底脱离群体。如有需要，人类无疑会挥刀斩向那些相对不服管的个体。最温驯的牛很少逃跑，还能将牛群看住，带领它们回家；这样的牛会被人类长久保留。这样一来，繁衍后代的重任就落在了它们肩上，其适宜驯养的习性也得以遗传下去。[4]

在高尔顿总结的驯化特质中，我非常喜欢"天生对人类心存好感"这一项，在我看来，这和克莱夫·怀恩所说的"爱"，以及布赖恩·黑尔所说的"对人友善"是一样的。适合驯化的动物天生便不会害怕或警惕人类。

　　高尔顿还强调，物种的驯化并非旨在实现任何先入为主的意图，而是多次尝试和漫长时间的结晶，其间取得了不同程度的成功。长久以来，人们在驯化过程中一次次碰壁，筛选习性、放逐不适合的个体都会造成显著的基因改变。

　　尽管对遗传机制一无所知，高尔顿和达尔文仍然发现了影响驯化与繁殖的重要因素。在《驯化中动植物的变异》（*The Variation in Animals and Plants under Domestication*,1868）一书中，达尔文仔细区分了无意识选择和系统性选择的区别：前者是由"每个个体都试图继承最优基因所致"，而后者是"以独特的方式

进行的，目的是培育出优于国内同类产品的新品系或亚品种"。[5]
他认为，驯化的第一步最有可能是：不抱有长期改善物种的意
图，只是单纯筛选较好的品种。我同意这个观点。第一个驯化动
物的人绝对无法预见结果。正如高氏所观察到的，至少第一次驯
化不可能是人类为达成某个特定目标而刻意为之的。尽管在现代
人中，带狗打猎往往比单枪匹马更为顺利，但在狼刚刚被驯化成
狗的时候，这种情况是无法想象的。人类驯化狗是否是为了帮助
打猎，又是另一个问题了。关于驯化，高尔顿和达尔文与多数现
代思想家所持的观点出入不大，他们将牲口——并非猫、狗——
视作驯化过程的模型。高尔顿以牛为模型，提出了前文列出的那
些适宜驯化的关键特质。[6]

　　牲口或许是驯化动物的主力与缩影，但第一个被驯化的动物
并不是它们，而是狗。正因如此，第一只狗才如此重要。一直以
来，只有两种食肉动物被驯化，而被驯化的食草动物至少有十几
种，例如猪、绵羊、山羊、美洲驼、豚鼠、兔子、骆驼、牛、牦
牛、马、驴、鸡等等。纵观几千年历史，狗是最早的驯化动物。
猫出现的时间要晚得多，可能是在人类开始种植、储存吸引啮齿
动物的农作物后，猫以这些动物为食，于是开始了自我驯化的过
程。将牲口作为驯化的原型动物并无很好的理由。或许，我们之
所以不把和我们最亲密的猫和狗看作原型，是因为在潜意识里，
我们压根不把它们看作驯化动物，不会把它们和其他家畜归为一
类。在许多国家中，猫、狗常常被视为家庭的一员，几乎被当成
人了。这是有据可查的。猫、狗拥有生日贺卡和蛋糕、万圣节服
装、玩具、专属床、零食、毛衣、靴子等物品。从某种意义上
说，许多猫、狗在驯化过程中俨然变成了"人"，而其他动物再

怎么驯化也做不到这样。其实，将狗当成人来对待有一段不凡的历史，至少可以追溯到9000年前。[7]

狗不仅是第一种被驯化的动物，而且无疑是今天分布最广泛的家畜——有人住的地方就有狗。（诚然，寄生虫或家鼠等物种和狗一样分布广泛且可能历史更悠久，但是寄生者和寄主之间的配对、亲疏与狗和人之间的关系相当不同。我们不会有意识地照顾寄生者或设法保证它们的健康和生存。）

有趣的是，早在19世纪，学界就明确认识到了将野生动物驯服和驯化的区别——并且将这种区别归因于驯化进程本身。然而，到了20世纪中后期，驯化仍被视为文明的基础，而文明显然跟农业生活方式挂钩。我怀疑这种观点是基于欧洲中心主义提出的——至少在一定程度上是如此。文明体现在定居、建立某种政府、发展出"奢侈"的事物，比如编织、制陶、"专业劳动……（以及）复杂的宗教仪式信仰和活动"，并且最重要的是积累起余粮，进而每天获取充足的食物这件事就不那么耗时间了。无论如何，文明的欧洲人就是这么做的。直到晚近，学界仍认为从狩猎-采集生活到农民或农场生活的转变实现了植物的驯化，同时也是农业的起源。因而过去人们这样认为：人类驯化谷物，耕种、照护土地，收获农产品或谷物，然后驯化牲畜，让它们吃掉已经收割的田地里没用的残茬。之后，种畜可以作为犁地或运货的劳动力，提供牛奶或毛皮，产出更多家畜，等到没有任何利用价值时，就可以被吃掉。[8]

可惜这个逻辑自洽的推演并不是历史事实。动物驯化早于植物驯化，而且显然不是为了粮食安全而生。不会有人在迫切需要更多食物和可预见食物供应的情况下抱着子孙们能在合作狩猎中获益的想法去接受、饲喂、培育另一种食肉动物，也不会有人因为想在后围场拥有活的食物橱而开始尝试驯化一匹狼。[9]

从20世纪开始，越来越多的相关证据被发现，我们对驯化的认识因而与日俱增。同时，驯化的定义越来越精确。1968年的一场重要会议上，山多尔·伯克尼（Sandor Bökönyi）谈到驯化的"基本标准"是"受人圈养的动物的繁殖——更准确地说是在人为条件下人对动物的饲育"。伯克尼认为动物驯化的前身是动物驯养，也就是将动物半放养——不完全顾及它们的进食和繁殖。我推测伯克尼是对的。[10]

目前相关讨论的一大特点就是非常重视驯化过程中基因的变化，以及这种变化可能是怎么发生的；该领域中基因研究常是重要的证据之一。毫无疑问，驯化带来的基因变化在区分人与其他物种的短期关系——驯服、共存、圈养——和驯化时非常关键。

然而，人类对动物的繁殖控制和驯化所带来的基因变化不应该被过分强调。举个例子，驯化研究的领军人物、史密森尼学会（Smithsonian Institution）学者梅林达·泽德尔（Melinda Zeder）给出了以下定义：

> 驯化是一种持续的、涉及多代的共生关系。在这种关系中一个有机体强烈影响了另一个有机体的繁殖，并在很大程度上照顾后者，从而获得可估的利益关系；同时，受影响的有机体相比于没有这种关系的个体有更多优势——这样一来，关系中的两个有机体都获得了益处，且常常让两方更加适合彼此。[11]

我对泽德尔的定义并不满意，因为很难说什么叫一个物种"强烈影响"了另一个有机体的繁殖，并在"很大程度上"照顾后者，更不要说去确定史前物种的目的了。如果驯化发生在文字尚未出现的时代，那么驯化发生的原因就极难被推演出来，而且我个人不认为目的性是驯化过程的一个必要部分。

泽德尔还强调了没有互利，驯化根本不可能发生——这一点倒是对的。不是所有共生关系都会变成驯化，这通常与潜在驯化对象的行为特点有关。比如，小羚羊和鹿都反复被驯服过，但是都没有被成功驯化为家畜。它们被圈养时都会惊慌，而且已经被打上了"farouche"（一个优美的法语词，意为警惕、野性或羞怯）的标签。

泽德尔用互利关系这一点指出了驯化的共生路径，即两个物种定期重聚，并发展出"熟人"关系。共生关系的产生通常是因为潜在驯化对象被栖息地中与人类相关的某物所吸引，比如残羹剩饭，之后两个物种才会发展出双向的伙伴关系。格雷格·拉森（Greger Larson）和多瑞安·弗勒（Dorian Fuller）将狗称为"典型的共生路径动物"。原始人类和未来的狗有一个重要的共同点：狩猎。[12]

另一种可能的驯化路径被泽德尔称为猎物或丰收路径。在这一路径中，人类占主动地位，希望通过管理目标物种从而得到更多的食物或者更可靠的食物来源。这个观点的不足我之前也谈到过——吃了上顿没下顿的人不太会有这样的想法：把种子存起来，这样下一季还会丰收；放过动物的幼崽，这样它们下一季就能生新的幼崽。

泽德尔还指出了第三条路径，并称之为定向路径，该路径是人在有目的地驯化一个物种。显然第二和第三种路径只可能在人类与其他物种成功共生之后才会发生。人驯化第一个物种的过程，也就是把狼驯化成狗的过程，不可能是有目的的。

到目前为止，我们研究的是驯化带来的行为上的适应，以及化石中留下的遗迹。我们能区分不同类型的驯化吗？普遍观点认为驯化不是一个单一事件，而是一个连续而漫长的过程。作为关键的第一步，野生物种的个体们要减少对人类的畏惧和警惕。山多尔·伯克尼认为这是动物驯养或物种管理导致的调和适应所造成的结果。熟悉不会滋生蔑视——这是谚语——但是可以减少抵触和恐惧。从科学的角度来说，这表现为皮质醇、肾上腺素和其他"战斗或逃跑"荷尔蒙水平的降低——很可能对人类和潜在驯化对象都是如此。加拿大维多利亚大学的进化生物学家苏珊·克罗克福德（Susan Crockford）认为荷尔蒙水平的自然变化很大程度上决定了哪个个体——具体来说就是哪一匹狼——适合被驯化。[13]

这个驯化过程和抵触与恐惧的减少还可以从另一个角度来看——那就是将其视作物种之间有效沟通系统开始发展的早期产物：两个物种之间的一种行为语言。我能想到的最好的类比是克里奥语或皮钦语——两个人群通过不断试错而发展起的交易或沟通系统，用以弥补双方之间的各种文化差异。随着彼此的行为变得越来越熟悉且可预测，两者就开始有了共同的行为语言。这常常会消减恐惧和攻击性。随着基本规则被无声地商定，与另一个物种或文化共处变得更自在且有益。对双方都利好的共生关系因而得以建立。

这一观点依赖于将驯化这个过程理解为两个物种之间达成一致，共同参与某些活动。阿尔伯塔大学的考古学家罗伯特·罗塞

（Robert Losey）对西伯利亚文化深有研究，他和同事研究后就驯化过程提出了一个略微不同的观点。罗塞认为，驯化并不主要发生在基因上或者形态学上；驯化是一个反复的共同的活动，并导致了技能习得（enskilment）——也就是通过反复参与一项任务或行为，直到这项任务或行为以及相关的行为和对象变得熟悉，从而学会如何完成这些事情。作为例子，他提出：

> 不知道如何接近、应对、饲喂或照顾动物的人很难控制动物的培育，更不要说在某些事情上（比如拖拽重物或犁地）成功与它们合作。动物也在被驯化的过程中实现了技能习得。它们开始了解我们的性情、饲喂流程、肢体和口头交流方式，甚至是我们的气味和声音。[14]

通常，这种关系被认为是指动物与人类生活在同一个环境中——该环境很大程度上受人类掌控，且常常被人类改良。这样的动物进入且适应了人类的世界，因为这样做愉悦且有利。而罗塞和同事认为这只是故事的一部分，因为人类也同样要学习如何与狼合作，否则结果不妙。事实上，驯化是一个过程；在这个过程中，两个物种寻找和探索那些能在两者之间建立起有力联系的关键理念和行为。[15]

举个例子，常有人提出只要表现得与人类合群且为人类提供利益这两件事做起来不是那么困难，与人共生的狼也许会发现人类提供的温暖，保护自己不受其他捕猎者伤害，额外的食物等条件值得自己克服麻烦适应人类。一定程度上说，我对于人类提供温暖这点好处持怀疑态度，因为从它们在野外出生开始，它们就很好地适应了寒冷。但是依偎狼或是狼犬而得到的温暖对没有皮毛覆盖的人类来说可能真的是一大好处。而且狼在保卫领土和食物来源时非常有地盘意识且极具攻击性。在其他捕食者或陌生人靠近时，狼的嚎叫可能是重要的保护——尤其是对女人和孩子——所以狼和人类的合作御敌可能对两个物种来说都大有好处。相比于大多数人，狼对入侵者或陌生者更警觉，而且能更迅速地对威胁做出反应；而人则有火和武器，一定程度上能驱退敌人。[16]

在狩猎时，狼出色的嗅觉和听觉能更快地察觉到潜在猎物；狼的速度使得追捕猎物和耗尽后者体力成为可能；狼的凶猛和群体狩猎的技巧能将猎物团团围住、无处可逃。所有这些特质似乎都能帮人类大大提高狩猎成功率。人类的远距离武器或许也显著提高了猎物的杀获率并降低了狼受伤的风险。

在哺乳动物的驯化方面出版过多部关键著作的茱莉亚特·克拉顿－布洛克（Juliet Clutton-Brock）强调，狗也为人提供了陪伴和情绪价值。这种满足无疑是真实存在的——至少对现代的宠物主人来说是如此。在缓解心理和生理缺陷、衰老、孤独、自闭、创伤后应激障碍等现代问题上，狗提供的这种满足也是一个重要的因素。动物辅助疗法在心理治疗方面发展迅速。随着越来越多的城市人群和家人远隔两地，宠物提供的情感陪伴愈加重要。与动物同居所带来的情绪益处可能就是驯化最开始发生的充足理由。[17]可是我们很难从化石中估量或发现这种情绪满足，所以我认为我们最好还是去寻找驯化的有形证据，也就是研究人类或动物的生活是如何因彼此之间契约或联盟的建立而改变的。

达西·莫瑞（Darcy Morey）和鲁贾纳·杰格（Rujana Jeger）

还提出了另一个关键点——有效驯化必须伴随永久的行为和基因变化；也就是说，驯化必须是持续的。这一点即上文泽德尔提到的"涉及多代"（multigenerational）。[18]

学界对第一批狼犬或旧石器时代狗的驯化所发生的时间段已经有了推测。我们可以通过相关时间段的考古资料来寻找这种狩猎成功率提高的转变。我们有什么样的证据来佐证这一点，以及人与狗之间加深的亲密与合作呢？这样的证据会首次出现在哪里呢？

第一只狗来自何方?

　　探明狗的驯化最棘手的环节便是定义术语,以及认识到现有的证据能反映什么。其实,狗是经过驯化的狼。还有一种说法是:狗是选择与人生活,适应人为(由人类创造的)栖息地的狼。从遗传基因来看,被划定为狗的犬科动物也必然是狼。我们也缺乏可靠的独特标记——比如多出来的脚趾或牙齿等——来区分狼和狗。一些解剖学上的差异能够表明标本来自狗,而不是狼;但这些差异并不是非此即彼的特征。狼与狗的差异大多都体现在行为上,行为差异不完全由基因决定,但也肯定多少沾点儿边。十多年来,狗的起源一直是进化科学的热点问题,相关的争论如今仍未停歇。[1]

　　学者们已经列出了许多物理特征,它们都能暗示驯化发生,但伴随驯化而生的物理变化很难确定。首先,被驯化的动物种类繁多,外形各异,要得出概括性的结论实属不易。但仍有人描述出了一些共性。以狗为例,当时还任职于亚利桑那州立大学的斯坦利·J. 奥尔森(Stanley J. Olsen)于1985年出版了一部经典之作,其中有一章由他的儿子约翰撰写。父子二人比较了狼和现代狗，找出了狗的关键骨骼特征。[2]

人们常常期待像奥尔森这样的动物考古学家能分析考古发现的骨骼样本，进而回答某物种在某个特定时空是否已被驯化。他们鉴定物种的经典方法是检查骨骼，尤其是头骨和牙齿的形状。根据奥尔森父子的说法，区分家犬的特征有：（1）耳朵垂下，而非竖起；（2）鼻子短而宽；（3）牙齿更小，排列更拥挤；（4）体形较小；（5）鼻部轮廓有明显的"平台"；（6）下巴更低，或是具有更笔直、垂直的下颌支（主要颌肌附着的颌骨部分）；（7）与野生犬科动物一样拥有不弯曲的下颌垂直支；（8）下颌骨或下巴的下缘更低，且笔直；（9）有与人类一同生活的考古证据。

驯化开始之时，我们能在第一只狗身上寻找到多少上述特征？其实并不多。究其原因，是因为动物会随着时间推移而进化、改变。我们基本可以确信，无论从遗传、形态，还是考古特征上看，任何物种的首个个体总会和其现代个体有所不同。反过来，在绝大多数情况下，任何物种的首个个体看起来都酷似其祖先。因此，第一只狗看上去很像狼，第一只猫看上去也很像野猫。

此外，上述解剖学标准皆基于比较，例如缩短的鼻子、更小的体形、更拥挤的牙齿等等，这些标准随人的预期而变。有时候，观察现代狼的解剖特征并将其与狗相比较不算难事，但狗的品种不同，将它与现代狼区分开来的难度也不同。与人类一同生活的考古学证据也未必具有决定性意义。因为至少在理论上，犬科动物可以与人类亲密生活，但却又无法像现代狗那样生活。而且，若你了解进化是如何运作的，然后观察古代骨骼，你会发现越久远的骨骼，区别越不明显。目前，家犬是已知品种最多的物

种，其形状、大小、毛色、性情极为多样。过去的狗也一定无比
多样。

例如，我们或许会问：第一只狗的体形是否应该比它的狼祖
先小？不一定。倘若最早的狗继续像狼一样行事，承担捕杀大中
型猎物的任务，那么保持狼的体形与力量便仍是有利的。此外，
并非全部现代家犬都是中小体形。一些现代犬种仍然像狼一样
大，另一些则同"袖珍书"一般小。身形大小并不是定义狗的标
准，尽管这或许能很好地反映出动物适合做的工作或生态位置。

如果第一只狗仍然像狼一样用下颚和牙齿捕捉猎物，那么对
于进化中的犬科动物来说，拥有更短更宽的鼻子可能并无优势。
同样的道理，更小、更拥挤的牙齿也没什么好处，除非这些特征
是与攻击性有关的激素水平较低而导致的副作用。较短的鼻子和
拥挤的牙齿可能是在第一只狗诞生之后进化出来的。

第一个问题是，我们不能用纯粹的解剖学分析来识别狗，因
为人们有意培育现代狗（我们唯一可以确定是狗的动物），以强
调许多解剖特征与行为表现。比如，像灰狗那种跑得很快的狗，
看起来和大白熊犬或德国牧羊犬等护卫犬、寻血猎犬等嗅觉猎犬
都不一样。在过去的200年里，培育不同品种的狗备受强调，进
展迅速，于是现代狗变得越来越多样。

将古代犬与现代犬进行比较必然会发现差异。比较样本的性
质至关重要。识别头骨、牙齿或颌骨的基本方法即是将其与最有
可能的选项加以比较，比如已知的狗及已知的狼。那么，要有多
少个已知物种的个体，才能反映出该物种全部的变异？10个？50
个？2000个，还是更多？若我们将可能为狗的样本与已知的狗、
狼样本加以比较，那么这些狗、狼样本应该是古代的还是现代

的？毕竟，自从第一只狗诞生以来，进化从未停歇。看看现代犬与现代狼的基因多样性吧：前者从吉娃娃到大丹犬，猎犬到意大利灰狗，短毛指示犬到腊肠犬；后者分亚洲、阿拉斯加、印度、北非、美洲和欧洲狼。

卢克·詹森斯（Luc Janssens）及其同事近期对各种解剖狗和狼标本的方法进行了检测，判断其是否有效。他们调用大量样本，揭示出测量头骨、颌骨和牙齿大小的不同方法能够"在一定程度上"区分考古发现中最古老的狗和狼。但是，正如我在前文所说，没有解剖特征可以确定地将狗和狼区分开来。由于对狗和狼的评测存在大量重叠，詹森斯团队推翻了原先受人青睐的判断标准。他们总结道："我们检测了早期研究和近期研究中，用于识别家犬样本的形态变量，我们发现其中大多数变量都无法帮助研究者区分狗与狼。"如果解剖特征在区分狼与狗方面没什么用，科学家该如何推进研究呢？一些意大利学者认为，杂交狼犬或许会长出悬爪，大型犬的后腿往往长着悬爪，而纯种狼则不会如此（纯种野狗也不长悬爪）。[3]

遗传学家在探寻各物种的驯化方面发挥了重要作用，因为驯化意味着创造基因不同的物种。追溯狗（或其他任何物种）的起源有两个主要策略。第一个是非正式原则，即物种的遗传多样性在其起源地附近会愈发显著，因为动物在该地区生存的时间更长，有更多的时间去进化，变得更加多样。抛开其他因素不论，该规律已将现代人类的起源定位于撒哈拉以南的非洲，因为在那里，人类的遗传多样性最大。那么，狗在哪里最为多样？这是一个很难回答的问题。自18世纪晚期，创造新的纯种狗在英国及英国殖民地变得颇为热门。设立登记处就是为了明确特定品种所需的特征，追踪其血统。这就导致人们刻意创造一个品种（例如狗、猫、马、牛等等），力求外观上的与众不同。这意味着育种者会试图选择拥有显著特征的育种对象，比如耳朵更长、毛发更蓬，或脸更短的个体。因此，有些地方的人类致力于加强、维持犬科动物的多样性。如此一来，人类对新奇事物的迷恋便压过时间与物种适应，成为影响生物多样性的主要因素。因此，单纯通过物种多样性来寻找狗的起源地，也许会得出错误结论。

第二个问题是，在新物种首次出现之前，起源区域必定发生了些什么，于是相关物种才得以进化。就狗而言，它的祖先——狼——一定早就在起源地落脚。人类也一定在场，驯化才得以发生。我们已知狼和人类大约在50000年前生活在欧洲、亚洲和北非部分地区。而且，我们可以排除美洲、南极洲和澳大利亚，明确它们并非第一只狗的故乡。人们到达这些地区为时已晚，无法在这些地区驯化狼了；还要考虑到，其中一些地区从来没有狼。

当遗传证据、解剖学证据和人狗关系的考古证据同时具备时，诸如第一只狗的起源等复杂问题的可靠答案才有可能浮出水面。然而目前还没有这样的情况发生。动物的自然活动与犬科动物的杂交能力使问题更加错综复杂。

通过观察一些重要的研究，我们能看出分歧和困惑是如何产生的——这些研究使用的样本各不相同，在与未知样本做比对时，没有哪两个研究使用同样的已知样本，而且很多研究只分析了一小部分基因材料，没有覆盖全部的基因组。多少算是足够呢？这就好比你在试图记录某物种的平均身高时用刻度不同的卷尺进行测量。

1997年，洛杉矶加利福尼亚大学的鲍勃·韦恩（Bob Wayne）

基因实验室展开了一项关于多种狼和现代狗线粒体DNA的大规模研究。该团队采用了来自世界27个地区的162匹狼和隶属67个品种的140只家犬，研究它们线粒体DNA序列中的一个区间（包括调控区的261个碱基对；在发展过程中调控区决定了某些基因是否生效）。该研究揭示了一些关键事实。狗和狼的线粒体DNA样本最多只有12个氨基酸替代，而狗与其他野生犬类——如郊狼或豺狼——的线粒体DNA至少有20个替代。这有力证明了灰狼是狗的祖先——这一结论现在很少被质疑。该研究团队还发现狼有27个不同的单倍型（作为整体进行遗传的遗传物），狗则有26个。狼和狗之间只有一个单倍型是相同的。有些单倍型（4个来自狼，4个来自狗）地理分布相当广泛，但是大多数单倍型只常见于特定地域。[4]

该研究还显示狗有四大遗传组别，或称进化枝；每个进化枝的遗传物质相同。因为很多品种的狗带有来自不同进化枝的单倍型，所以进化枝并不能明确区分狗的品种。韦恩团队用罗马数字Ⅰ—Ⅳ为这些进化枝命名，但是这些名称在之后的研究中有所变化。分析发现，研究涉及的所有狗的品种中，大约73%属于进化枝Ⅰ（目前普遍称进化枝A）。这一枝包含所谓的原始或基本品种，比如澳洲野狗（可能是一个单独的物种，而不是狗或狼的一种亚型）、非洲巴森吉犬、中国松狮犬和灰狗（被认为起源于古埃及、波斯或希腊）。换言之，进化枝A的一些狗在进化上很原始；它们来自不同地域，分布零散。狼也集中在进化枝A上。

猎麋犬和瑞典猎麋犬是两种斯堪的纳维亚狗，隶属于进化枝Ⅱ（现称进化枝D）。该进化枝的单倍型和在意大利、法国、罗马尼亚、希腊发现的两种狼的单倍型关系非常近。

进化枝Ⅲ（现称进化枝C）只包含在某些品种——包括德国牧羊犬、西伯利亚哈士奇和墨西哥无毛犬——中发现的3种狗的单倍型。这些单倍型的地域分布并不集中，而且可能在进化时彼此独立。

进化枝Ⅳ（现称进化枝B）也只含3种单倍型，而且与罗马尼亚和俄罗斯西部发现的狼的单倍型相同或十分相似。学者推测这些单倍型很可能是近年来狗和狼杂交后产生的。

韦恩研究的部分结果后来受到了彼得·萨沃莱宁（Peter Savolainen）团队的挑战。萨沃莱宁曾是韦恩实验室的一名博士后，也是当时韦恩研究论文的作者之一。韦恩实验室的研究结束后，萨沃莱宁与中国和瑞典学者合作进行了研究。2002年，著名期刊《科学》（Science）的封面图是一只黄色的拉布拉多猎犬，该图指的正是萨沃莱宁团队在狗的驯化领域的一篇论文。[5]

该团队分析了线粒体DNA中更长的一段区间（包含582个碱基对），研究对象是38匹欧亚狼和654只来自欧洲、亚洲、非洲、北极的美洲家犬。研究前，基于来自瑞士开萨洛奇（Kesserloch）和德国波恩-奥贝尔卡瑟尔（Bonn-Oberkassel）的两块狗下颌化石，他们假定狗的起源大约早于14000年前。开萨洛奇发现的化石被普遍认为属于一条早期狗，一是因为建模后发现这只狗的体形比现代狼小，二是因为其小小下颌中的牙齿很拥挤——这两个标准都是奥尔森父子提出的。波恩-奥贝尔卡瑟尔的化石被赭石包裹，与一个男人和一个女人埋在一起，而且也像是按人的礼仪下葬的。这种待遇体现了狗和人类之间的亲密关系——被当作食物或手下败将的野犬不太可能会被仔细埋葬。简言之，葬礼是被葬者——无论是人类还是被当作人看待的动物——地位或重要性的体现。特意的葬礼基本上是某动物被驯化的核心证据。

在1978年一篇关于以色列艾因马拉哈（Ein Mallaha）考古遗址的论文中，葬礼已经被当成一种标准。该遗址属于纳图芬（Natufian）文化——该文化建有一些最早的定居点，其中的房屋为半地下式，带有石墙。放射性碳元素显示，该遗址的年份可追溯至11310±570和11740±740年前（如果用现代技术重新追溯，很可能会得到更早的时间）。艾因马拉哈的纳图芬人被认为是前农业时代的人。[6]

在墓葬中，女人的手放在一只小狗身上，暗示着这是她的宠物。这有力证明了犬类和人之间的亲密关系（常被称为"特别关系"），而这也是驯化的特征。艾因马拉哈墓葬突出证明了狗与人类共同居住，而且在死后很大程度上被当作人一样下葬。参与该论文研究的考古学家西蒙·戴维斯（Simon Davis）和弗朗索瓦·瓦拉（François Valla）表示："这只在纳图芬墓葬中独一无二的小狗证明了它与合葬者之间关系亲昵，并非后者的食物。"[7]

在研究中，萨沃莱宁团队也有一个预设：狗的进化枝中，基因多样性最丰富的就是最古老的。就像韦恩实验室分析的样本那样，萨沃莱宁团队的样本也分属4个进化枝，还有一些显然属于第五个新的进化枝。令人费解的是，萨沃莱宁团队给犬类的进化枝命名为进化枝A—E，而其中的A—D基本上和韦恩团队的进化枝Ⅰ—Ⅳ相同。萨沃莱宁研究中最大的进化枝所含物种最丰富且多样性最广泛，包括了来自中国和蒙古狼的单倍型以及狗的单倍型。这一进化枝的单倍型总数（44个）更多，且其独有的单倍型数量（30个）也更多。理论上，在这么多样本中能够找出最古老的狗。而且，东亚独有的单倍型在所有东亚样本中所占的比例比其他地区（西南亚、欧洲、美洲、西伯利亚、印度、非洲）的这一数据都高。基于此，萨沃莱宁团队得出结论，认为狗最初很可能是在东亚被驯化的。在他们基于变异数量的估测中，进化枝A可能起源于大约40000年前；或者，如果进化枝A、B、C是同时出现的，那么它们出现的时间就是在大约15000年前。

韦恩团队和一些学者注意到这一结论并不能很好地与考古发现契合，因为最古老的家犬化石来自欧洲或中东，而非东南亚或中国。如果亚洲是狗最初被驯化的地点，那么这些狗的遗骸在哪呢？

东亚的考古和化石资料证明了第一批狗直到大约9000年前——而不是40000乃至15000年前——才和人类共同生活。最古老的亚洲狗的代表是日本绳文文化墓葬中发现的110只狗，而那些墓葬大约只有9000年的历史。很遗憾，萨沃莱宁研究并没有在这些最早的东亚狗中取样，因为当时在化石中提取线粒体DNA非常困难（此后已经发展出了更好的技术）。中国最古老的狗的遗骸历史更短，大约只有7500年——这也与第一只狗起源于中国的结论冲突。普遍认为波恩－奥贝尔卡瑟尔、开萨洛奇、艾因马拉哈所发现的是早期狗（距今12000～14000年），而这些与亚洲最早被埋葬的狗在年份上相去甚远。家犬在东亚生活了千年却没有留下化石资料，这有可能吗？也许只是亚洲没有按人的标准葬狗的传统——但为什么绳文狗和最早的中国狗这些距今历史较短的狗得以下葬呢？

驯化也可通过骨骼特征来辨认，比如体形比野生祖先们更小、脸更短、口鼻更小——侧面看来，这在头骨的眼眶或眼眶下面形成了一个明显的"停顿"。短脸也常常意味着牙齿更拥挤。

但从很多方面来看，这些标准都是有问题的。

在区分艾因马拉哈的狗和狼时，戴维斯和瓦拉也尝试用骨骼特征来分辨；但是墓葬中小狗的乳牙给判断造成了困难。成年狗的第一颗下臼齿和旁边的牙齿（即前臼齿）常常有重叠；尚不清楚在狗的一生中这两颗牙的重叠程度是否不变。戴维斯和瓦拉表示："牙齿的重叠特征并不能有效区分狗和狼。"（这一言论显然会惹恼某些人，比如常常采用这个特征的奥尔森父子）。当然，体形也不是一个可靠的区分标准。狼通常比狗大，但狗崽或小狗肯定比成年狗要小。极有可能第一只狗看起来几乎就是一匹狼。无论化石资料显示了什么（或者什么都没显示），驯化的某些特征几乎不可能从化石中辨认出来：比如外形上，垂耳或立耳，皮毛黑白或是杂色；再比如行为上，相比于狼，狗对包括人在内的新鲜事物反应不那么大。如果小狼崽接触好心人类的时间够早——狼的社会化过程开始于大约出生后两周且持续一个月——那么相比于没有这样接触过人类的同类，这只狼崽此后对人类的攻击性和恐惧感都会降低。然而，狼崽的这个社会化窗口期比小狗要早两周，此时狼崽还没有视力和听力；而小狗在社会化窗口期时，有视力、听力，还有嗅觉。因此，哪怕是很小就开始接触人类的狼崽，对人的了解也远少于小狗。[8]

我们要怎么在化石和考古资料中发现这些行为变化呢？我们可以寻找生活方式变化的证据，人类和犬类之间更普遍的联系，以及狼犬和人之间特殊关系的发展——这种特殊关系可能会带来待狗如人的趋势。

一篇发表于2009年的论文对欧洲发现的一些犬类头骨化石进行了形态学分析，并认为相关化石来自最早的狗。比利时古生物

　第一只狗：我们最古老的伙伴

学家米特杰·哲姆普莱带领团队用复杂的数据方法来辨认一组类狗化石，这些化石有的来自比利时戈耶特洞穴（Goyet Cave），距今36000年；有的来自捷克普热德莫斯蒂，距今26000年。该团队还辨认出了三个狗头骨：一个距今约15000年，来自俄罗斯埃利塞维奇（Eliseeivichi）；一个距今17000年，来自乌克兰梅日里奇（Mezhirich）；一个距今14000年，来自乌克兰梅津（Mezin）。另一只非常古早的"初期狗"（incipient dog）由尼古拉·奥沃多夫（Nicholai Ovodov）、苏珊·克罗克福德和同事认定，这只狗来自西伯利亚拉兹波尼希亚洞穴，距今33000年。该团队在研究时采用了不同的对比数据库，但方法类似。"初期狗"的定义并不明确，该团队似乎是指处于驯化早期的犬类。[9]

此后，奥拉夫·塔尔曼（Olaf Thalmann）带领鲍勃·韦恩集团的一个小组分析了此"初期狗"线粒体DNA调控区的一部分，发现其DNA可与进化枝D的狼和两种斯堪的纳维亚狗成组。该小组还发现来自戈耶特洞穴的一些"狗"非常原始，相比于样本中的现代狗和狼，这些"狗"因而可以被归到原始组或类狼组。但是，不存在可区分狗和狼的决定性DNA标志，这意味着用DNA分组并不明确。哲姆普莱团队辨认出的戈耶特"狗"和奥沃多夫－苏珊团队辨认出的拉兹波尼希亚"初期狗"可能都是早期驯化狼的失败尝试。学者们这里提到的"失败尝试"大概是指对最终不适合与人类一同迁移和居住的动物的驯化尝试。[10]

盘根错节的往事

相关研究都能得出一个关键事实：狗与人类一同生活、一同旅行，形影不离。与人类一样，狗也能扮演许多角色；而且，无论人栖居在哪儿，有着怎样的生活方式，狗所扮演的角色都能帮到人类。

倘若狗是人类的终极或最初伴侣，我们或许会心生疑惑：它们到底在何时何地开始陪伴人类？我们了解到的是几个相互交织的故事，讲述了人类在不同境遇、不同生态系统下如何在世界各地进化与迁移。如今，古人类学和史前研究中最大的问题都集中在人类迁徙和适应生存上，尤其关注现代人类最初是如何走出非洲、向外流动的，以及尼安德特人和丹尼索瓦人等古代人类是如何消亡的。

我认为，在欧亚大陆，解剖学意义上的现代人类之所以能取代古人类，一个重要因素可能是现代人类与被驯化为狗的狼之间建立了前所未有的联盟关系。另一个问题更为宽泛，但却同样重要：动物的驯化，也即以狗的驯化为起始的非同寻常的跨物种合作，是否能同样帮助到现代人类成功入侵其他地区？每次重大迁移都遵循着相同的规则吗？

可惜，我们或许过于关注欧洲（专攻这些问题的科学家大多来自欧洲），没能正确重建出人类迁徙的历史。我将在此简要回顾那段往事，然后看看我们可能错过了什么。

对我们的祖先而言，当他们将领土从非洲扩展到欧洲时，最大的惊喜可能莫过于遇见尼安德特人；尼安德特人早已在欧洲中部地区进化、生活了数十万年。尼安德特人与非洲移民既有极为相似之处，却也在有些方面颇为不同。想想看，如果你在附近的杂货店内意外撞见了一群人，他们体形与常人十分不同，拥有你从未见过的肤色（这种肤色或许是特意涂抹而成的），身上穿着奇异的服装，留着奇特的发型。我猜，不少美国人或欧洲人可能会感到震惊，感到危险不安。然而，在偏远地区从事人种研究的学者会指出：即便是前所未见、毫无往来的陌生人，仍有可能携带有关新人种的宝贵信息。道路在脚下，知识在心中；早在诸如报纸、收音机、电视、手机等现代通信手段问世之前，旅行者就在偏远地区传播信息了。

1971年，我在利比里亚亲身了解了"丛林电报"（bush telegraph）。无论去到哪里，每个旅行者或新来者都会将他们所知的重要信息传递给遇到的人。有些人会说四五种语言，也会说英语，尽管他们并不会读写。作为通信媒介，丛林电报效果极好。我曾在一家偏远的内地传教士医院待了好几周，当时的利比里亚总统威廉·杜伯曼（William Tubman）因年老而去世的那天，我就在那里。我很震惊，因为尽管没有报纸、收音机或电视（更别提互联网了），医院的病人却比我先一步得知杜伯曼的死讯。

大多数利比里亚人一生并未经历过类似事件。即使是在首都的西式私立学校里，也不会有人告诉你上任总统去世后，职位与权力将会如何交接，因此没人知道接下来会发生什么。这段时期可谓危机四伏，即便是小吏也不愿意做任何事情，因为他们害怕酿成大祸。

一天下午，两个头戴面具、身披兽皮与拉菲草服装的男子在大院里跳舞，每个在此生活的人都与鼓点为伴。在这里，公开观看仪式是不被允许的，尽管我趴在窗户上偷看过一两次。我们还能听到从其他村庄传来的阵阵鼓声。然后，许多医院工作人员，例如受过良好教育的护士、助手、技术人员、药剂师和文员便消失不见了，他们起身前往出生的村落——"到丛林去"，以免其教育经历与社会地位惹人妒忌，招致其他族群的报复。想要保全自身，必须低调合群。谣言四起，任何关于将来的线索都极为重要。因此，我对信息共享的假设被推翻了。如果能有现代通信手段，那实在太好了。但人们已经意识到了共享信息的重要性，并找到了传播知识的有效途径。

尼安德特人在面对早期现代人类时可能经历过忧虑，也同样迫切地想要获得与之相关的信息。尼安德特人是和我们最为相似的古代人类，与我们的大部分生活方式和行为表现相似，但也有不同之处。他们追捕相同的猎物，有时与现代人类为邻，住在同样的洞穴或岩石庇护所里，尽管时间上可能并不一致。这种深刻的相似性意味着尼安德特人会比其他物种更为敏锐地感受到现代人类抵达欧洲所带来的巨大竞争压力。正如我在别处所说的那样，解剖学意义上的现代人类使得竞争加剧，为大约40000年前尼安德特人的迅速灭绝提供了别样的视角。显然，现代人类仅用了10000年，甚至更短的时间，便超越了古代人类。

除了竞争加剧之外，其他因素也对尼安德特人的灭绝起了重要作用。尼安德特人可能体形瘦削，长期生活在陆地上，新的顶级捕食者出现之后造成的生态危机使得尼安德特人很难挨过气候变化等生存问题。现代人类与尼安德特人和欧洲冰河时代动物群的对抗是故事的第一条线索。

随着人类进入中东和欧亚大陆，他们遇到了新的动物群体，与其之前在非洲狩猎的动物很是不同。此即大陆冰河时代的动物群。对现代人类而言，这些动物是新奇的，但却并不完全陌生。在某些方面，欧洲冰河时代的基本动物群与非洲动物群大致相似。例如，欧亚大陆上的许多猎物物种都似曾相识。欧亚大陆的猛犸象在很多方面都像非洲象，欧洲的长毛犀与非洲犀牛类似，原始马与非洲的斑马、白氏斑马和野驴有很多共同之处。不少非洲羚羊和牛并不能在欧亚大陆上找到其相似物，不过欧洲的鹿和牛在一定程度上和它们颇为类似。就捕食者而言，这两个生态系统都有许多大型而凶猛的猫科动物（例如狮子、洞穴狮、豹子、洞穴豹、猎豹），以及中、大型犬科动物（一些品种的狼、开普猎犬、豺狼、小狐狸）。与非洲一样，欧洲冰河时代的捕食者种团不乏适应能力强的物种，早期现代人会同这些物种争夺猎物和其他资源。但这里的猎物充足，体格、习性丰富极了，可以养活各种各样的捕食者。

对于在欧洲过了几十万年狩猎采集生活的古人类来说，早期现代人变成了他们最大的竞争者。早期现代人对古老非洲物种的一些了解在欧亚大陆同样适用。然而，欧洲的气候比古非洲更冷更湿，仍需适应。

从某些方面来说，早期现代人进入北欧和亚洲后遇到的最主要的陌生哺乳动物是灰狼——生存资源的竞争者之一，体格大、凶猛且骇人。与现代人类和尼安德特人相似，狼也与家庭成员同居，结伴狩猎，在与同类合居的洞穴或安全的处所合作抚养幼崽。狼的杀戮武器——硕大的牙齿、有力的下颌、迅疾的速度、敏锐的嗅觉——是它们身体的部件，而不是矛或手持切割工具这种人造物。同时，随着尼安德特人走向灭亡，狗的驯化的第一个线索出现了——哲姆普莱团队辨认出的残骸或许可以称为原始狗、狼犬、石器时代狗，或异常狼。如何去描述这些动物尚有争议，哪怕是参与其中的研究者在它们的分类问题上也意见不一。

正如前文所论，米特杰·哲姆普莱带领的团队利用数据辨认出了来自欧洲的40多个化石样品；相比于狼，这些化石所代表的犬类在头盖骨和下颌形状上与原始狗更相似。但这些犬类并不是现代狗；而且狼犬的祖先，也就是同处冰河时代生态系统的狼，也并不是现代狼。哲姆普莱团队的研究结果显示，这些史前样本和同时期的狼在身体比例、身体构造、线粒体DNA和饮食习惯上都截然不同。它们的线粒体DNA与现代狗和狼体内已知的线粒体DNA都不匹配。那么，这些化石所代表的动物是狗吗？

基于现有的证据，我们无法直接将这些古代犬类与今天的任何一种狗联系起来；也就是说这些古代犬类并不是现代狗确定的祖先。它们是否仅仅只是一群怪异的狼呢？它们确实非同一般。会不会它们尚未成为家犬但也已不再是狼呢？它们体现的是否是驯化的初次尝试？也许是的——我直觉如此。迄今，发现的这些狼犬的考古遗址都是现代人类——而非尼安德特人——留下的。而且几乎所有这些遗址都有当时比较新颖的东西——不一样的居住和狩猎方式，很可能是人与那些狼犬之间的联系使得这些新方式成为可能。

目前，现代人类、尼安德特人和丹尼索瓦人之间的杂交与消亡已经成为一个错综复杂的谜题。我们只知道现代人类或近现代人类的种类比我们预想的还要多，而且不同的物种——如果古人类有不同物种的话——有时会杂交。

但在我们追溯的早期人类种群中，只有一种和狗关系密切，那就是到达中欧的现代人类（解剖意义上）。在我先前的《入侵者》一书中，我猜想了现代人类在冰河时代欧洲的极端条件下凭借与狗的特别联盟赢得了与尼安德特人的竞争。长期来看，在欧亚大陆的所有捕食者中，幸存的只有狼和现代人类。由狼演化出来的狗成为了人类猎手最重要的伙伴与合作者，也成为了第一种与人类开展系统性合作的动物。这是在50000~40000年前发生的吗？学界意见不一，但理论上这一假设仍然成立。把狼变成狗不是一个有意或迅速的过程，但我们知道狼确实演化出了狗。[1]

这似乎出人意料：狼——如此强大的捕食者——竟然演化出了我们的第一个伙伴，而不是仅仅扮演我们的捕食者和竞争者。人类还是非常畏惧狼。在我们进化意义上的家园非洲，犬类比欧亚大陆更新世的狼体形更小，危险性更低。非洲豺很像美洲的小狼或土狼。（最近已证明一些曾被认作金豺的北非犬科动物其实是一种先前未受认定的狼——现称金狼。）非洲也有西米恩狼或埃塞俄比亚狼，以及非洲猎犬或开普猎犬——四肢修长、体形轻盈、有斑点皮毛、集体狩猎——它们是出色的猎手，但体形比狼小，而且在击倒大型猎物上逊色于狼。尽管猎狗是非常能干的捕食者，但狼在体形和力量上有显著优势。

当狼和人类在欧亚大陆相遇时，某种神秘的事情发生了。长久以来，古人类学家们都聚焦于一点：很多早期人类曾从非洲出发向北迁移至欧洲，然后再向北和向东进入东欧、西伯利亚、东亚，接着前往美洲，并且很可能在白令吉亚大陆块（连接东亚和北美洲西部，现已沉没）躲避恶劣天气。显然，狼犬抑或随这些人类迁徙，抑或在犬类和人类同时囿于白令陆桥时从本地狼中演化而来。这种新的犬类逐渐演化进入某个生态位，而这个生态位就包括人类。美洲狗和西伯利亚狗高度相似的基因体现了这一点。哪怕对欧洲发现的早期狗证据持怀疑态度的人也同意——狗对我们的美洲祖先来说意义非凡。

大约14000年或15000年前，人类和犬类共同生活，普遍认为这些犬类外观像狗，而不像狼或狼犬，而且被当作狗来对待。向北迁移的人们在西伯利亚的内贝加尔（Cis-Baikal）地区留下了大型狗冢，而其东边的外贝加尔（Trans-Baikal）则有一些较小的狗冢。他们的狗是特意埋葬的，而且常常有赭石、陪葬品，或是一些珠宝（比如珠子项链）。但我们不知道那第一批狗是狼犬的后代，还是另一群半驯化的犬类。可能所有早期欧洲狼犬都已经灭亡，而且被来自亚洲远东地区的狗取代，比如来自西伯利亚的狗。基于劳伦特·弗朗茨（Laurent Frantz）所做的关于东方和西方狗的大型研究，这种情况被普遍接受。狗的驯化扑朔迷离，一定程度上是因为这个故事不够完整。[2]

缺的是什么呢？

失踪的狗

　　人类是如何迁徙到欧洲的？常见说法是现代人类来自非洲，学者还往往强调这是人类最后一次大规模地进入欧亚大陆。不幸的是，这意味着我们忽视了首次领土扩张。在最后一次迁移之前，有些人类祖先已经脱离了早期人类的活动区域，其后代最终来到了欧洲、亚洲，随后到了美洲。

　　这些人是一群早期现代人，他们在黎凡特或欧亚大陆南部与他们的氏族分离，最终来到大澳大利亚（Greater Australia）——一个由澳大利亚大陆、新几内亚、塔斯马尼亚及其他地区构成的超级大陆（其他地区多为岛屿，有些在地质运动中被海水淹没）。人们是如何抵达澳大利亚的？由于史前时期的海平面均低于现在的高度，这些早期现代人可能沿着海岸线向南、向东而行，大约于70000～65000年前抵达大澳大利亚。他们是旅行者。这个时间表明，他们和那批离开非洲后进入欧洲的早期现代人并不一样。我们可以称其为第一批澳大利亚人，或是现代原住民的祖先。他们无疑是现代人类，只不过没有狗的陪伴。

　　我们对这些人抵达澳大利亚的确切线路知之甚少，他们并非有意前往那里，因为当时人们还不知道这片大陆的存在。可惜，70000～50000年前，南欧和亚洲沿海地区的化石与考古证据实在是太少了。据科学家估计，随着海平面上升，约占大澳大利亚70%的陆地被海水淹没。难怪证据那么难找！我们能够确定的是，第一批前往大澳大利亚的早期现代人一定涉及若干开放水域。他们从亚洲大陆出发，穿过名为华莱西亚的岛屿地区，而后渡海到达亚洲南部的众多岛屿，最终抵达大澳大利亚。

尽管在印度尼西亚和中国境内都有保存下来的直立人骨骼遗骸，但我们有理由相信，对于直立人或更早的古人类来说，远渡重洋抵达澳大利亚还是太困难了。地理条件也许是合适的，但他们却缺少必需的技能和信息。直立人到达过菲律宾，也有些登陆了如今印度尼西亚的弗洛雷斯岛；在那里，他们似乎经历了"岛屿矮化"（island dwarfing）这一现象。由于岛屿上的猎物、食用植物、淡水和安全庇护所等资源难免受限，许多岛屿物种要么变得更小（即矮化），要么变得更大。例如，在古代，弗洛雷斯有小象（矮剑齿象）和大老鼠。相同的资源竞争现象或许也能解释一种小型人类的进化，他们被称为弗洛雷斯人（Homo floresiensis）和菲律宾的吕宋人（Homo luzonensis）。这些人的身材都很矮小，成年后可能也只有一米左右，身体特征也和其他地方的人类有所不同。已知的弗洛雷斯人骨骼化石来自大约十几个个体，形成于100000～60000年前。这个物种不单单是一种奇特的人类，还是一个长久存在的种群。在菲律宾，吕宋人的历史可以追溯到大约50000年前，不过目前，我们只找到了三具人体遗骸以及几块骨头。[1]

尽管他们成功制造了石器，也在岛屿上狩猎，但这些矮小的祖先并不具备航海技能。倘若离岛轻而易举，岛屿矮化现象便不太可能发生。这里也没有考古遗迹能反映人类的航海技能、定期捕鱼，或食用甲壳类、贝类动物。古代人类没有成功抵达澳大利亚，但早期现代人却做到了。这是为什么？他们究竟是怎样成功的？

从20世纪70年代开始，以约瑟夫·伯塞尔（Joseph Birdsell）为首的学者便开始考察可能的登陆路线。考虑到海流、潮汐以及板块结构，学者想出来很多航行时间较短、相对较容易的登陆方案。其实，航行没有"容易"二字。其他中大型陆生哺乳动物中，只有剑齿象从亚洲穿过华莱西亚，成功登陆了大澳大利亚西部的岛屿；也只有它们在没有人类协助的情况下，在新地区繁衍并生存了下来。拥有船只和航海技能之后，人类需要远渡重洋至少8次——也许会多达17次——总共花费4～7天，甚至更久，才能在澳大利亚落脚。而这些重要技能包括：制作绳索和麻线、编织篮子和网、打造盛装淡水的容器、安全牢固地固定多种工具等。如果人们从帝汶来到澳大利亚西北部，那么开放水域的航行总距离可能长达90公里。[2]

考虑到那时海平面较低且陆地面积较大，沿海岸线可能有若干几个地方能看到对岸的岛屿。许多可能的出发点到大澳大利亚的距离超过70公里，这么远的距离是不可能游过去的。仅凭这点，就能推断出第一批澳大利亚人拥有造船及海上航行的技能，且已充分适应沿海的生活。威廉·诺布尔（William Noble）和伊恩·戴维森（Iain Davidson）率先意识到，建造船只与适应海洋说明这些原始人具备三项关键的认知能力：能应付海量信息、能事无巨细地制订计划，且能将一般事物概念化。二位学者认为，这些早期现代人之所以能完成登陆大澳大利亚的壮举，是因为他们已拥有了语言。[3]

亚利桑那州立大学的考古学家柯蒂斯·马里恩（Curtis Marean）多年来一直在思考早期人类是如何一步步地适应沿海环境的。尽管他的研究针对的是更早的现代人类遗址，如南非的平纳克尔角（Pinnacle Point），但他的发现也颇可解释第一批澳大利亚人。马里恩借助从海岸线的洞穴里（名为PP13）挖掘出来的一具遗骸，推断大约在16万年前，早期人类已经成规模地捕捞贝类。他们并没有放弃陆地狩猎，而是单纯将饮食范围扩大，将一些海洋珍馐纳入其中。他们生火，经常使用颜料（到2010年，从PP13中挖掘出近 400 块赭石，所有这些都存在磨损或其他使用迹象），还制造了可以安装在诸如长矛或箭之类的射弹武器上的小型精细石刃。有时，洞穴里的居民甚至会加热硅石（某种石头），因为这样做可以改善材料性能，制出更好的工具。定期使用贝类和对硅石的热处理是目前已知的最早适应沿海环境的行为记录。这些发现十分重要，为人类开辟了新的生态栖位，使他们能够获得新的食物与制造工具的材料。[4]

在重构古代南非气候的时候，马里恩团队发现：这些原始人活动的时间，即大约195000～125000年前，是一个特别漫长且寒冷的冰期。在全球范围内，这一时期被称为"海洋同位素阶段6"①。一般来说，在此类严酷冰期中，撒哈拉以南的非洲地区会经历严重的旱灾，从而导致沙漠与旱地面积扩大。因此，在人类历史早期作为主要食物的动植物愈发稀缺。发现丰富的沿海食物，

① 海洋同位素阶段：又称海洋同位氧阶段或氧同位素阶段，是根据深海钻孔沉积物中的氧同位素数据所反映的温度变化推断出来的地球古气候冷暖交替周期。

如贝类、鱼类和少量海洋哺乳动物，实在是解了燃眉之急、救了灭顶之灾。沿海食物更容易获得，其中富含能量、蛋白质和脂肪。用于制作工具和颜料的海滩石头也很重要，且不难获取。在平纳克尔角的考古记录中，这些新开发资源的遗迹颇为常见，这可能是早期人类在恶劣气候条件下的一种避难手段。

马里恩假设利用海洋资源也许刺激了人类物种中令人费解的复杂性。人类倾向于群体合作，同时也会保护稳定且关键的资源，使之免受外来者的侵扰。每只蛤蜊或贻贝都是一小包食物，于是合作发明携带大量贝类的方法无比重要。由于富含贝类的河床很难快速转移，因此其集中区域便非常珍贵，需要提防其他人类群体前来掠夺。

对沿着海岸线迁徙至澳大利亚的原始人来说，海洋资源可能同样至关重要。他们沿亚洲南部的海岸线移动，其间继续开发他们业已熟悉的沿海资源。那里的气候可能也比更北的地方温和一些。随着时间的推移，这些沿海居民显然开始尝试使用网子、鱼笼等工具，也开始尝试建造木筏或船只。简而言之，正如马里恩在南非的研究中所发现的那样，第一批澳大利亚人逐渐了解了海洋及沿海地区，扩大了自身的饮食范围，并提升了行动能力。更令人惊奇的是，在平纳克尔角发现的技术创新也在澳大利亚的考古遗址中出现，例如开发沿海资源、使用赭石、使用加热的硅石，以及将小刀片安装在大部件上（如同锯齿一样）。

随着这些未来的澳大利亚人不断学习，他们的远洋航程变得更长，航海技术也愈发娴熟，能够更加轻松地完成岛际迁移。最终，也许是从一开始（这取决于个人视角），这些早期现代人偶然发现了一个如此之大的岛屿，大到难以看到岛的边界。大澳大利亚看起来定是无边无际。那里到处都是新的动物与鸟类，它们从未见过人，因此大都极易被捕杀。麦杰德贝贝（Madjedbebe）是目前已知澳大利亚最早的考古遗址，显示人类大约在65000年前到达大澳大利亚，比其他现代人类到达欧洲中部的时间至少提早15000年。即使是对该日期持怀疑态度的学者也承认，人类在50000年前便登陆了大澳大利亚。澳大利亚早期遗址的发现推翻了最初集中在欧洲的人类进化与迁移研究的线索。澳大利亚是人们最先到达的地方。[5]

现代人类当然不知道自己踏入了新大陆，不过他们一定清楚，那里的植物、鱼类、动物与景观都与其在别处所见截然不同。大澳大利亚处处是哺乳动物，其中许多都非常奇特，比如袋鼠和负鼠。尽管袋鼠的头部形状与羚羊或鹿惊人地相似，但我们祖先所知晓的非洲食草动物没有一个用双脚跳跃，用一条大尾巴保持平衡，并用袋子抚养新生儿。除了少数蝙蝠、啮齿动物，或诸如针鼹、鸭嘴兽（均归类为单孔目动物）等奇特的本土产卵哺乳动物，大澳大利亚所有中、大型哺乳动物都是有袋动物，与非洲和欧洲的胎盘哺乳动物具有完全不同的生殖系统。有袋动物生殖系统带来的后果便是，其后代皆出生在极度早产——几乎是胎儿——的发育状态。没有一个后代能在出生几分钟之后就如同非洲羚羊或欧亚鹿那样站起来奔跑或跳跃。有袋动物发育颇为缓慢，需要在母亲的育儿袋中生活很长时间。

不管是有意还是无意，走沿海路线穿越亚洲意味着准澳大利亚人不太会遇上与温带欧洲冰河时代的猫科动物（猫）、犬科动物（狗）、鬣狗类动物（鬣狗）和熊科动物（熊）相类似的北方捕食者。这条路线同时还避免了极寒温度以及在欧亚大陆中部和北部的特殊生存问题。然而，在沿海路线上东进的准澳大利亚人并没有在印度、中国南部、东南亚岛屿，以及现在的印度尼西亚留下太多遗迹。

将南部的沿海路线进行最大限度的还原后发现，这条路提供了一些重要的机会。一旦人们学会如何打鱼，尤其是如何收集贝类，他们就有了新的宝贵的食物来源——丰富、高热量且可预见。捕鱼需要用到矛、网、鱼钩，甚至还要用到路上发明出的徒手抓鱼技巧——相比之下，贝类就很容易收集，而且不需要像袋鼠或小袋鼠那样追着跑。

马里恩将"沿海适应"（coastal adaptation）定义为"沿海材料在某一社群的营养、技术、社会层面发挥了重要中心作用的一种生活方式"。拥有更先进技术的人们则发展出了"海洋适应"（maritime adaptation）——马里恩提出的另一个术语——这"包括利用能在开放海域航行的船只来帮助收集营养资源和原料资源"。[6]

马里恩的定义适用于澳大利亚，尤其是阿西陶 - 库鲁（Asitau Kuru）——旧名杰里马莱（Jerimalai）——和莱尼 - 哈拉（Lene Hara）——澳大利亚西海岸外东帝汶岛国的重要遗址。使用最先进的技术对阿西陶 - 库鲁的地层年龄进行严密追溯后发现，最古老的地层距今38000～42000年，而最年轻的含文物地层距今大约4600～5000年。除了大量白垩岩文物外，还发现了骨尖、鱼钩、贝壳制成的珠子，以及整个沉积物中从上到下一直可见的动物遗骸。这些动物遗骸表明那些遗址上居住的人能熟练利用海洋资源。研究人员发现了来自至少796条鱼的38000份鱼骨，从重量来看，几乎一半的鱼骨来自远洋鱼，比如金枪鱼，剩下的则来自近海鱼。其他地层的主要遗骸是海龟。远洋鱼遗骸显示了这些人类制作并使用了某种船只。阿西陶-库鲁只发现了两个鱼钩，都由贝壳制成且出土的地层较年轻；世界上已知的最古老的鱼钩可以追溯到23000～16000年前；两个鱼钩都是单饵线钓鱼的款式。阿西陶-库鲁的人们还留下了骨尖——由大鱼的脊柱制成，可能曾是某个打鱼工具（比如鱼叉或拖网捕鱼用的多钩装置）的一部分。人们对海洋资源的利用并非出于临时或偶然，而是系统性的——用到了船只和特殊技术——而这些延续了至少38000年。阿西陶-库鲁还出土了少量其他骨骼，来自啮齿动物、蝙蝠、鸟类和各种陆生爬行动物（如蟒蛇和巨蜥）。[7]

对该地的持续发掘还得到了用打磨后的鹦鹉螺贝壳制成的五个特别物件，有些还用了红赭石染色。对鹦鹉螺贝壳进行打磨是为了去除贝壳的白色表层，从而露出珍珠母内层。（考古学家苏·奥康纳和其团队的实验发现，从沙滩上收集的现代鹦鹉螺贝壳可以用当地的细砂岩轻松磨去表层。）虽然贝壳的内层是天然的珍珠质，但碎片的外层已经用赤铁矿或细浮石磨过，以产生更亮的光泽。研究小组总共找到了一个完整且抛过光的贝壳制穿孔吊坠，以及几块可以拼在一起的吊坠碎片。其中四个鹦鹉螺物件有赭石染色，而它们所在的沉积物中却没有发现赭石。在贝壳本身已经带有红棕色和白色的情况下还用赭石做出红色和白色的装饰性纹样，这意味着这些纹样有象征意义且非常重要。

奥康纳和同事在分析这些遗迹时十分谨慎。在东南亚岛屿，鹦鹉螺偶尔会被食用；但得益于其较大的外壳和独特的色彩，通常受到珍视。鹦鹉螺壳在装饰性物件中使用量不大但常常出现，奥康纳团队因此认为鹦鹉螺是阿西陶-库鲁人的特殊符号或标志。海岸提供的不仅是食物，还有制作族群特有标志物的机会。

类似的，早些时候非洲和欧洲的人们用不同贝类做成的珠子也在很长一段时间内是某些族群的符号或标志。

综合分析阿西陶－库鲁的发现，可以看出早期人类在至少42000年前（很可能更早）就到达了临近大澳大利亚的东南亚。这些人显然适应了海洋——他们将近海岸的海洋资源作为固定的食物来源，并且通过船只利用起远海资源。此外，他们使用某种当地特有的海洋资源来制作饰品，从而昭示他们从属于当地某个家族或部落。鹦鹉螺通常生活在深水区，且不容易抓取，但在螺中软体死亡后，壳体会被自然冲刷上岸。[8]

能对海洋资源利用到这种程度的可能就是第一批澳大利亚人。尽管大澳大利亚最早的考古遗址可追溯到65000年前，但在帝汶出现海洋人类的猜想与人类从亚洲迁徙到澳大利亚的路线并不矛盾——帝汶正好靠近澳大利亚大陆。

随着人们对海洋和海洋资源更加依赖，他们学会了如何制造某种船只、水运工具、绳子、麻绳，也许还有船帆。他们适应、创新、发现，最后成就了大澳大利亚这个全新世界。他们的进化、迁徙和技能构成了我们故事的第二条线索。因为关于迁徙的很多细节仍然未知，所以我们对人类到达澳大利亚的过程，以及他们在澳的定居生活都不是很了解。

学界对人类首次到达大澳大利亚的相关事实说法不一，只在少数方面达成共识，其一便是人类必须要通过若干片开放水域，才能从亚洲航行至大澳大利亚。这种渡水的需要很好地解释了为什么大洋洲鲜有新物种抵达。由于海平面的升降，历史上澳大利亚和东南亚群岛各地的距离并不固定。

对巴罗岛——在有人类居住时曾是澳大利亚大陆的一部

分——的布迪洞（Boodie Cave）遗址进行的挖掘和分析显示人类可能在51000年前就到达了那里。考古发现包括石器、贝壳制品、木炭，以及贝类、海胆、鱼类、海龟与其他脊椎动物和无脊椎动物的残骸。迈克尔·伯德（Michael Bird）带领的研究团队将这种生活方式称为"海洋沙漠适应"，即同时利用了沿海和附近沙漠栖息地的资源。[9]

通过对海底地理和有利位置的分析，伯德团队得出两点事实。第一，在大约55000年前，帝汶岛和罗特岛的某些地方能看到萨胡尔一带的一些岛屿——这与之前的观点相反。去观察新家园的人们会知道还有其他地方；就算他们没有真的看见其他岛，也很可能通过云团辨认出其存在。到达澳大利亚更可能是一次探索，而不是一次灾难性的意外。

第二，该团队通过模拟漂流航行计算得出，独木舟或木筏从帝汶或罗特岛意外漂离而靠岸澳大利亚大陆的可能性很小。因此，一个人口规模足以长久延续且没有良好航海技能的群体从澳大利亚周边被席卷到该地的可能性也很小。认为人类进入大澳大利亚是出于偶然的假说包括"怀孕女性坐在木材上意外漂流到澳大利亚"，以及一小队渔民或其他海员乘坐简陋的船只，如独木舟或木筏，被风暴、海啸等相对罕见的事件冲到澳大利亚。基于以上分析，伯德团队认为人类在东南亚群岛之间的迁徙是主动的，而且其在过程中用到了桨。

岛屿间的通行对海上民族来说非常常见。古人类可能因为不会在开放海域上航行而没有到达大澳大利亚，但在现代人类学会了导航、航行、造船、捕鱼和制作麻线、网或绳索之后，开放海域航行就会成为日常生活的一部分。计划并实施前往未知领地的航行显然需要先见之明和复杂的技术。此外，实用船只的制造还会涉及不同时期不同地点的零件，而且也需要应对此前从未遇到过的种种困难。[10]

对澳大利亚出现人类的这种分析一定程度上是基于在东帝汶的阿西陶－库鲁和莱尼－哈拉遗址所发现的有关远洋捕鱼、海洋资源广泛开发利用、贝类使用的证据。尽管这两处遗址都距今约35000～42000年——比巴罗岛的布迪洞历史更短一些——两者都表明当地的海洋适应所需的器物跟旧遗址没有显著不同。一旦人类有了必要的技术、规划能力，以及认知，海水就不再是障碍，反而变成了人类探索不同海岸线、不同礁体或不同深海海域的媒介。

适　应

　　在我看来，一旦现代人类具备抵达大澳大利亚所需的航海技能，人类生存的关键便从特定技术的进步，改变为获取和保留关于大澳大利亚地理与自然资源的详细知识。他们没有狗的陪伴。

　　为了在大澳大利亚生存，第一批澳大利亚人必须要了解临时与永久水源的位置。迈克尔·伯德及其同事所做的调查表明，澳大利亚所有55个已知历史超过30000年的考古遗址都位于距永久水源40公里或步行两日可达的地方，而其中84%的地点步行一天即可到达水源地。对水源地的了解或许会影响生死。上述数据表明，人类以地理知识为依据，敏锐体察到人离开水能活多长时间，而后有意将居住点安置在特定位置。在1049个较新遗址（其历史不超过30000年）的更大样本中，只有65%的遗址能够通过不到一天的步行抵达水源地。这意味着人类掌握了详细而具体的知识。伯德团队认为："因此，单纯的干旱并不一定阻碍人类栖居或迁移。其实，影响因素有如下几项：泛洪期长短、泛洪期水域的连通性，以及永久水源的所在地。这些信息决定了人类能够在何时定居或途经大部分澳大利亚内陆地区。"[1]

看待人类在澳大利亚定居的另一种角度为：探求在首次登陆后多久，第一批澳大利亚人学到了足够的知识，能够在干旱的中部内陆地区栖居。即使在今天，干旱的内陆地区或许也是人类最不宜居的环境区域，这里的年降水量不足200毫米，永久水源也颇为稀缺。瓦拉提（Warratyi）岩石庇护所保存了大约49000年前的巨型动物遗骸与工具，是澳大利亚干旱中部地区最古老且年份确定的考古遗址。倘若时间无误，麦杰德贝贝与瓦拉提最古老的地层之间便相隔了16000年的漫长岁月。在麦杰德贝贝，距离地表最近且保存文物的地层只有18000年历史，因此人类在该地生存的时间几乎跨越了人能够在干旱地区维生的时长。瓦拉提岩石庇护所不仅能证明人类在此生存，还保存了文化创新的证据，例如，使用早期赭石、石膏、骨制工具、带柄工具、沿一侧变钝并通常用柄连接到把手或较大物体的小型工具，以及鸸鹋蛋壳。该地还存有人类狩猎诸如双门齿兽等澳大利亚巨型动物的证据；双门齿兽是袋鼠的表亲，身形约有河马那么大，重约2790公斤。这些发现位于一个分层地段，通过光释光法（OSL）、石英颗粒的年代测定，以及放射性碳对炉膛木炭和鸟类蛋壳（可能来自不会飞的巨鸟——牛顿巨鸟）的年代测定，人们追溯到了遗迹形成的时间。[2]

　　另一个暗示人类早早到达大澳大利亚的地点为阿纳姆地（Arnhem Land）的瑙瓦拉比拉（Nauwalabila）岩石庇护所，这里距离麦杰德贝贝很近。将在瑙瓦拉比拉进行的放射性碳与光释光法测年相结合，我们便会推出这样一种可能：人类于50000多年前（最可能是57000年前）就占领了这片土地。詹姆斯·奥康奈尔（James O'Connell）和詹姆斯·艾伦（James Allen）对此持怀疑态度，其理由是这些文物可能已经向下移动至当地更低、更古老的沉积层，从而导致年份测定偏差。没有证据能驳斥或证实这一可能性。奥康奈尔和艾伦经常怀疑澳大利亚遗址是否诞生于那么古老的年份。[3]

来自另一个名为芒戈湖（Lake Mungo）的著名遗址的骨骼遗骸最初被追溯至62000年前，即更古老的时代，然而后来使用光释光法的研究改变了这一推测。现在，人们一般认为，芒戈湖3号埋葬的骨骼距今约40000～42000年。虽然这里被称作威兰德拉湖区（Willandra Lakes Region），其中最重要的地方便是芒戈湖，但现如今却没有永久性的水体。人们认为当地的沙丘是由现已干涸的湖泊沉积而成的。该地区的其他更新世遗址包含贝类、鱼类和小龙虾，以及一小部分中小型哺乳动物。鱼骨大小有限，证明人类祖先已学会用网捕鱼。最初，人们声称，芒戈湖3号的骨骼与芒戈湖1号来自新南威尔士州的第二个人类个体的火葬遗迹都要追溯到极遥远的过去，这意味着人类快速从澳大利亚西北部迁移至东南部；不过，那些年份已经得到修正了。无论如何，即使第一批澳大利亚人穿越了中部沙漠——对今天的人类来说仍是一个极为困难且危险的地区——这条路线也需要在登陆后进行2000多公里的迁徙或领土扩张，其中包含了适应不同栖息地和沿途资源等任务。沿着不那么令人生畏的沿海路线行进则会使路线变长许多，但沿途遭遇的新困难会相对少一些。[4]

另一个关键遗址，澳大利亚东南部的恶魔巢穴（Devil's Lair）也距登陆地点很远。恶魔巢穴可以追溯到48000年前，为我们提供了一个连续的更新世序列，其中包含动物骨骼、小型打制文物以及木炭。大量碎片和烧焦的骨头表明，人类极其依赖陆地狩猎，狩猎对象通常为南方袋狸、草原袋鼠和袋鼠。前两个物种可

　　　　　第一只狗：我们最古老的伙伴

以依靠猎网和陷阱捕获，而袋鼠体格相对更大，几乎必须使用远程武器才能将其捕获。[5]

澳大利亚西部干旱地区的边缘已经产生了几个可追溯到40000~35000年前的遗址，例如曼度曼度（Mandu Mandu）、简斯（Jansz）、C99、皮尔戈纳曼（Pilgonaman）。这些遗址中，发现了海洋软体动物、螃蟹、海胆等海洋生物，以及诸如沙袋鼠之类的小型陆生哺乳动物，这些发现都说明这些人类曾沿海而居。然而，拥有49000年历史的瓦拉提岩石庇护所是目前最为古老，反映人类占领干旱中部地区的分层遗址。在那里发现的人工制品说明人类完全适应了环境。[6]

已知最早的磨边石斧的证据与这些早期遗址一样具有说服力。长期以来，位于澳大利亚西北部的卡朋特坑1号（Carpenter's Gap 1）遗址拥有已知最古老的玄武岩磨制石斧，这些石斧至少有40000~49000年的历史。由彼得·希斯科克（Peter Hiscock）领导的分析小组通过一系列仔细的实验与研究，预先将一切可能的批评考虑了进来。为了避免将原地的文物与可能在沉积物中向下移动的那些搞混，研究小组探寻了斧头碎片的大小或质量与其在地层序列中的位置之间的关系。结论是并没有这样的发现。通过分析斧头碎片上的制造痕迹，研究者们发现磨制技术被广泛运用，物件在成形后进行了打磨和平滑处理。大澳大利亚东北部岛屿上大致同时代的考古遗址中并没有这种斧头，这就表明磨边石斧是在登陆时，或登陆后不久才发明出来的。技术创新或许是由新环境催生的需求引发的。[7]

还有一些地方也采用了这项新技术，它们分布在澳大利亚北部的几个遗址中，包括马拉南加尔（Malanangarr）、威金加里1号

（Widgingarri 1）、瑙瓦比拉（Nauwabila）、纳瓦莫因（Nawamoyn）、纳瓦拉·加蓬旺（Nawarla Gabarnmang）、桑迪·克里克（Sandy Creek），以及年代更早的麦杰德贝贝遗址。最近有报道称，在奥比岛（Island of Obi）——位于新几内亚鸟首半岛（Bird's Head Peninsula）以西的华莱西亚马鲁古（Maluku）群岛——进行的挖掘工作发现了美丽的磨制石斧。虽然这些遗址大约在17500年前首次被人类占领，但最早的斧头制作证据始于大约12000年前，最早的标本是用大蛤壳而不是石头制成的。斧头上的石片大约出现在12000年前，由于当时气候变暖、森林封闭，这可能预示着更为密集的森林清理工作。由于这是人们首次挖掘奥比岛，规模也颇为有限，是否存在更早的遗址有磨边石斧、贝壳斧头或锄头还有待观察。

此类斧头和锄头的开发标志着新技术问世了，这一过程异常困难且耗时。或许这项技术可以帮助人类穿越华莱西亚。该岛位于从亚洲到大澳大利亚迁移成本最低的路线之上，那里森林茂密。在当地的人种志研究中，研究者发现了磨制石斧与贝壳斧，其用途为清理林地、完成重型木工或船只制造。在奥比遗址发现的主要陆生动物之骨来自斑袋貂（或称作罗氏袋貂），它可能是该岛的土著"居民"。[8]

此外，关于细腰石斧的证据已经在博邦加拉（Bobongara）和休恩半岛（Huon Peninsula）以及巴布亚新几内亚伊凡谷（Ivane Valley）的几个遗址得以发现，距今40000～50000年或更久。从使用痕迹来看，这些斧头似乎是用于木材加工和开垦土地的。在这里，新工具可能也是为了应付新环境而产生的。

除了石斧，卡朋特坑1号遗址还出土了赭石表面的石板和骨尖工具；后者历史大约有46000多年，是澳大利亚最古老的打磨过的骨用具。基于人种志文献和骨上微小的使用痕迹，这个特别的用具很可能是鼻饰或锥子。[9]

将各种遗址的信息汇总分析后，彼得·希斯科克、苏·奥康纳、简·巴姆（Jane Balme）、提姆·麦勒尼（Tim Maloney）认为："早期澳大利亚居民的技术显示出了地理特殊性和各地区传统的行为习惯——更新世的北澳使用带柄磨边斧，巴布亚新几内亚使用细腰有棱斧，而南部2/3的大陆并不使用斧头。"换言之，新工具和不同地方工具的差异性基本上在人类初定居澳大利亚时就已经存在了——在已知的最古老的遗址上也是如此，尽管也有可能所有迁入大澳大利亚的人都来自同一个族群。在登陆后逐渐扩散到新栖息地的过程中，人们调整了相应的技术以适应当地需要。[10]

同理，在刚登陆时，语言差异性可能也有限——尽管对澳大利亚和新几内亚与欧洲有联系的区域进行分析后发现了巨大的差异性，包括1200多种不同的语言。语言和工具两方面的证据都显示出人类只到达过大澳大利亚一次或很少的几次。不管最初的族群有多大，显然他们几乎立刻就分裂成一个个小族群——很可能是为了提高在未知地域的存活率。大澳大利亚早期考古遗址分布在不同的栖息地，位于大陆的不同区域——这也许反映了一系列小型的、短暂的、流动的群体的存在。因而，早期人类在65000年前（保守说法是大约50000年前）登陆大澳大利亚的结论相当站得住脚。当然，没有人真的希望找到第一批到达者登陆大洋洲时留下的遗址，但是麦杰德贝贝所发现的证据和距今45000～55000年的数个遗址出土的文物似乎互洽。而且，这些证据也与基因证据相符——基因显示迁移到欧亚大陆的现代人类和分布在大澳大利亚的人类之间在早期就出现了基因差异，此后在70000～51000年前（最有可能是约58000年前），澳大利亚人和巴布亚人之间又出现了区别。[11]

从地理上说，人类在大澳大利亚北方海岸登陆似乎比在其他地方登陆更可行，因为这样从一开始在开放海域上的航行就可以缩短一些。这一观点也与澳大利亚大陆最古老考古遗址——也就是麦杰德贝贝，曾名麦拉昆贾拉2号（Malakunjala Ⅱ）——的位置相符。这一遗址分为多层，石器和炉灶从上到下遍布每一层。虽然最下层年代过于久远，有机质大多已经分解，无法用碳14精确追溯年份，但是光释光法显示该地从70700～59300年前开始有人使用，最有可能的时间段在距今65000年前后。麦杰德贝贝不仅是目前澳大利亚已知最古老的考古遗址，而且还出土了世界上最古老的磨制石斧。[12]

客观来说，很多学者都对麦杰德贝贝最底部岩层的历史提出了严肃的问题，一定程度上是因为澳大利亚仅此一处历史如此悠久的遗址——当然，这一点还有待考证。无论学界对该地的年代是否达成一致，总会有一些遗址比另一些要更古老。我接下来会列举一些反对意见，供读者参考。反对意见的核心观点是：文物、炭或其他能反映所在遗址年份的东西，都可能在沉积物中向下移动到了更古老的地层。碳14最多追溯到大约50000年前，比这更早的需要借助光释光法来确定所测对象最后一次暴露在阳光下的时间。一旦文物与出土时所处的沉积物不再相关，就会得到错误的年份追溯结果。[13]

詹姆斯·奥康奈尔在对麦杰德贝贝的年份追溯上提出了有理有据的质疑。最初学界认为文物在地层中移动是因为生物扰动作用——土壤受到了某些生物的干扰，尤其是白蚁。白蚁在热带土壤中很常见，在澳大利亚麦杰德贝贝遗址所在的地区，可能存在的白蚁达到3种。白蚁在土壤中钻行以获得沙粒和混有其唾液的黏土细浆，然后借此在土壤表面建造起白蚁丘。白蚁反复将细沙粒移开，导致较为粗糙的颗粒集中起来，形成砾石质地的次表层，有时也称石界或石层。白蚁在沉积物中采集细沙粒的同时也在寻找植物作为吃食。白蚁丘或有70厘米高，一般挺立3年后才会倒塌和弃用。废弃的白蚁丘受到剧烈暴风雨的侵蚀后，细沙粒滑落。崩解的白蚁丘产生的土壤颗粒会在坡面冲刷和重力作用下非常缓慢地下滑。白蚁隧道不再被频繁使用后就会崩塌，接着消失不见，了无踪迹。

对麦杰德贝贝年份追溯的批评还没有得到佐证——迄今尚未有证据证明古时曾有白蚁隧道或白蚁丘存在。麦杰德贝贝尚未发现古代白蚁的遗骸、粪便颗粒（通常存在于白蚁隧道）或白蚁丘遗迹。麦杰德贝贝所在地区确实在白蚁活跃范围内，但这并不能证明麦杰德贝贝遗址所在的位置曾存在过白蚁活动。在该遗址是否受到显著白蚁干扰这个问题上，支持派和反对派意见分歧的关键在于：两方在如何认定白蚁干扰的存在以及这种干扰对年份溯源影响如何这两个方面没有统一的标准。要论证白蚁对土壤的扰动，必须证明白蚁可以且确实产生了可见的某些影响。马丁·威廉姆斯（Martin Williams）在近期一系列与奥康奈尔等人合著的论文中写道："我们确实注意到白蚁的存在并不必然导致文物明显位移和石层形成——这两种情况的出现需要长期存在且非常密集的白蚁群，比如发现于澳大利亚北部热带地区的白蚁群……在白蚁稀少的地区，白蚁扰动的作用因地区而异。"[14]反对白蚁扰动作用的学者们应该在判断白蚁活动是否存在的问题上制定出合理的标准。

麦杰德贝贝遗址的各个历史时期都有大量烧焦的大植物化石，其中不含木头，但是在最底层有1000多个带有炉灶特征的样本。威廉姆斯和同事曾提出这些特征并不属于炉灶，但烧焦的植物性食物遗迹似乎相当明确地证明了它们正是来自炉灶。引人注目的是，该遗址出土的一些植物需要经过大量加工才可食用，由此反映的认知比其他遗址早了大约23000年。这些植物出现在如此早的时期让一些学者感到非常疑惑。举个例子，在遗迹中发现了棕榈；虽然棕榈果髓的顶端可以生吃或稍微烘烤后食用，但果髓主体必须烘烤约12小时，然后费力地捣碎以去除纤维成分，从而吃到淀粉含量高的碳水化合物。这种吃法是基于出土的用来研磨种子的捣石推演出的。其他植物性食物包括块茎、水果、坚果、种子。这些食物表明人类饮食的多样性以及在开发新食物上的适应能力。这些食物遗迹的存在还证明了地层中的易损样本得到了保留，从而说明了生物扰动作用在该遗址并不明显。

随着澳大利亚麦杰德贝贝和其他遗址发掘工作的展开，关于澳大利亚50000年前或更早之前有人类居住的证据日益增多。其中有充分的证据表明第一批澳大利亚居民并没有如学界预期的一样留在登陆地附近，而是散布到了大洋洲各个角落，定居在各种不同的栖息地中。在登陆后的几千年内（有可能时间更短），第一批澳大利亚人就在大草原、热带雨林、开阔林地，介于林地、灌木丛和大草原之间的地带以及干旱地带、沿海栖息地、塔斯马尼亚的草原、新几内亚的高原谷地和新南威尔士的威兰德拉湖区留下了考古遗址。

在年份溯源精确度和导致溯源误差的可能原因上无疑应该做进一步研究；但最近对遗址的研究将人类初登陆澳大利亚的时间推到了50000年前甚至更早，而且在这些遗址中持续发现了早期创新、新工具类型、新资源利用和对新环境适应的各种证据——这些事实依旧引人注目。大澳大利亚充满了惊喜。

在新的生态系统中生存

人类定居欧亚大陆期间发生的事与其在澳大利亚的经历有所不同。别样的挑战令生活变得不易，不同的地域环境也造就了各自的成功。

欧亚大陆未来的居民仅仅向北、向东开疆拓土。或许他们正在顺应改变，逐渐适应气候差异与动物群的变更，在旅途中他们也并未面临任何刺激的新挑战或漫长的个人旅程。这期间，人类狩猎收益有了很大变化，原因包括天气变冷，以及猎人与犬科动物建立联系。这样的联结使得人类能利用更有效的新型捕猎技术，捕杀更多巨型动物。狗既能提高狩猎的成功率，也更容易觉察到其他试图从猎人那里偷窃尸体的食肉动物。

重要的是，那些食肉动物到底是谁？冰河时代的非洲与欧亚掠食性种团不乏猫科动物：雄性狮子的平均体重为190公斤，雌性的平均体重为127公斤。现已灭绝的洞狮体格更大，雄性约为318～363公斤。此外，还有老虎、豹子、大型剑齿猫、猎豹，另外10种中型欧亚猫科动物（包括两种猞猁），云豹或雪豹，以及17种较小的野猫。非洲与欧亚大陆还有3种狼和非洲野狗，3种豺狼、豺狗，以及许多被归为狐狸的小物种。除此之外，那里还有鬣狗（至少3种）、蜜獾（类似于狼獾）和各种小型猫鼬，包括鸡貂、水獭、果子狸和黄鼠狼。这些形形色色的食肉动物主要以食草动物为食；食草动物的体格有大有小，有些只有老鼠那么大，有些却是像大象、犀牛、河马、非洲水牛和长颈鹿这样的巨大物种。单论体形，没有食肉动物可以比得上这些巨型的食草动物，所以捕食者往往以团队行动，齐心协力将其捕获。幼年的食草动物也是这些捕食者的目标，它们比成年猎物体形更小，耐力也更差，对潜在掠食者也不太警惕。然而，食草动物常常聚在一起，保护彼此。

澳大利亚的动物群截然不同。1788年欧洲人带着家猫来到这里之前，澳大利亚根本没有猫科动物或其他类似猫的哺乳动物。与多数家猫相比，如今的澳大利亚野猫体形较大，而且分布广泛。在欧洲殖民时期，澳大利亚只有一种类狗捕食者；那是一种有袋动物，名叫袋狼（*Thylacinus cynocephalus*）。袋狼以其追逐猎物的耐力著称，既能单独捕猎，也能成群捕猎。它们比欧亚大陆最大的捕食者要小得多，重约14.5～21公斤，雄性比雌性大。那些现已灭绝的袋狼——俗称塔斯马尼亚虎、条纹鬣狗或澳大利亚狼——或许会与人类构成直接竞争关系。最后一只袋狼于1936年9月7日在澳大利亚的塔斯马尼亚州霍巴特动物园中因照顾不善死去，由此宣告了整个物种的灭绝。澳大利亚的袋狼曾有几个亚种，其年代最早可追溯到中新世，其中一些亚种似乎比现代袋狼更能适应森林条件。袋狼不得不应对整体干燥的变化趋势及其他生态变化，包括人和野狗的到来。欧洲人抵达后不到150年，袋狼便灭绝了。[1]

可以直接确定年代的最古老的野狗标本发现于东帝汶的墓葬之中，距今约3000年，比第一批澳大利亚人的出现要晚得多。一只野狗约重10~15公斤。雄性野狗比雌性野狗大，也比可能成为其猎物的雌性袋狼大。澳洲野狗从未到达过塔斯马尼亚，这可能是袋狼在塔斯马尼亚生存时间长于大陆的原因。尽管不时有报道称目击到袋狼，但在塔斯马尼亚，寻找幸存袋狼的探险之旅仍以失败告终，实在令人遗憾。[2]

人们对袋狼在野外的饮食情况知之甚少。正如罗伯特·帕德尔（Robert Paddle）和大卫·欧文（David Owen）在书中指出的那样，如今已经有不少关于袋狼自然摄食习性的文章，但真正收录在文献之中的实在很少。尽管袋狼的绰号为"杀羊者"，但出人意料的是，对其杀羊行径的目击报道屈指可数，其中还不乏夸大之词。在历史文献中，羊往往被自由放养的家犬猎杀，而非死于袋狼之手。在19世纪的塔斯马尼亚，找到活体袋狼或其皮毛能得到不菲的赏金，但大额悬赏并未带来多少收获。由于文献记录不多，盛极一时的谣言受人冷落。人们曾认为袋狼是吸血动物，它们会杀死绵羊，饮尽羊血，并且保持尸体完好无缺。然而现在，这个故事更像是欧洲吸血鬼神话的澳大利亚版，而非现实。

澳大利亚大陆袋狼的灭绝可能是大规模动物灭绝的一部分，此次大灭绝也包含了澳大利亚本土最大捕食者袋狮（刽子手袋狮）的终结。很多有袋物种都在大约40000年前灭绝了。[3]很遗憾，有史以来没人见过活的刽子手袋狮。尽管第一批澳大利亚人可能目睹过其真容，但他们并没有留下很多关于袋狮习性或猎物的资料。有两幅岩画被少数学者认作袋狮画像，但相当多的人对此持反对意见。[4]在体形上，袋狮最重能达到150公斤，大概与猎豹或非洲狮相当。袋狮的捕食习惯和它对猎物尸体的破坏模式很难确认，因为这一物种已经灭绝，且我们没有它们损毁过的骨头样本。然而，袋狮的裂齿（用来撕肉的牙齿）尺寸异常，在所有哺乳动物中，袋狮的裂齿与体形比是最大的。[5]

袋狮高度专门化的裂齿意味着它是超级肉食动物——饮食中70%都是肉类。就像很多超级肉食动物一样，刽子手袋狮脸颊部位的裂齿齿面很长。这些裂齿咬力巨大，很可能是用来快速杀死猎物如咬断其气管的。

经过适应进化后，袋狮习惯于潜伏等待的狩猎方式——比如潜伏在树上，伺机跳下攻击猎物。袋狮的体形不适合像狼一样追逐猎物。其前肢有力，巨大锋利的爪子上有一个能够半对握的拇指，用来抓住猎物。目前学界公认，袋狮的猎物可能包括大澳大利亚几乎所有体形最大的成年和幼年食草动物。霍顿（Horton）和莱特（Wright）根据兰斯菲尔德沼泽（Lancefield Swamp）的多个骨头上的痕迹分析得出，那些骨头上明显的牙印都来自袋狮。痕迹的位置也与袋狮吃肉而不吃骨头的观点相符。首批澳大利亚人是否将袋狮视为危险的竞争者而有意将其猎捕？这个问题的答案仍然未知，但袋狮是在40000年前左右消失的，大大晚于人类到达的时间。[6]

在澳大利亚，以塔斯马尼亚恶魔（袋獾）为代表的另一种有袋肉食动物今天仍然存在。这种动物在体形上比袋狼或袋狮小很多——长51～79厘米，重4～12公斤。这意味着袋獾比英国斗牛犬（现代很多人养的宠物）还小。虽然如此，袋獾非常凶猛且攻击性强，它们有力的下颌和牙齿能将吃净猎物后留下的骨头粉碎。与袋獾同属一族的还有更小的袋食蚁兽、袋鼬、狭足袋鼩——这些动物的食物包括昆虫、小型啮齿类动物、水果、蜥蜴。这些小型食肉动物不太会对人类构成多大竞争。

因此，在人类到达大澳大利亚时，这片土地上就只有两种中大型哺乳类捕食者。但这并不意味着这里容易生存，要知道大澳大利亚活跃着很多爬行类捕食者，类似于科莫多龙、巨蜥、大型且可能有毒的蛇、鳄鱼，以及一些体形巨大但不能飞的鸟。与非洲或亚洲相比，大澳大利亚的猎物或捕食者种类少得多。[7]

这是为什么呢？有人提出这是因为澳大利亚的陆地面积比亚、非、欧三洲更小——亚洲约为其6倍，非洲是其4倍多，而欧洲是其1.1倍。与陆地面积同样重要的是栖息地所占比例及其生产力。澳大利亚中部的干旱气候意味着该地大部分区域都难以——甚至不可能——长期栖居。

对第一批澳大利亚人来说，虽然生活有时朝不保夕，但不可否认他们在迁入新家园后获得的巨大成功。在此地，与人类一样以中型动物为猎物的捕食者相当少，所以相比于迁入欧亚大陆的人来说，他们面临的竞争并不严峻。真正严峻的是澳大利亚相比非洲和欧亚大陆的未知。除了三种有袋肉食动物，他们需要提防的还有大型肉食猛禽、巨型爬行动物，以及可能致命的植物、蜘蛛、蟾蜍、水母。

澳大利亚本土的特殊动物群对人类在这片新土地上的成功有何影响？我认为人类栖居澳大利亚是现代人类最重要且最有代表性的迁移或领土扩张。在这片土地上生活给第一批澳大利亚人带来了全新的挑战。澳大利亚充其量只是一个需要特殊技能和适应能力来生存的艰难之地。考古和人种志资料表明：相比更好的武器或专业工具，我们更需要的是知识。

　　　　　第一只狗：我们最古老的伙伴

澳大利亚原住民的故事告诉我们：人类能够且愿意通过习得和分享知识来适应各种全新的艰难条件。知识可以弥补物质用品的不足，而且可能促进新用品的创造。从遗留下来的物质文化来看，第一批澳大利亚人似乎在这方面贡献不多，但他们带来的学习、注意、记忆和分享信息的能力至关重要。澳大利亚中部和北部的阿兰达人有一句格言恰当地总结了这一点，我的友人、考古学家约翰·谢伊（John Shea）也常常引用这句话——"知道的越多，需要的越少。"

为何澳大利亚的故事被忽略了如此之久？

　　倘若人类在澳大利亚定居的有关经历颇为重要（我向来坚信这点），为何长久以来研究者却忽视了这一点呢？无论在哪个大陆，只有在那里生活、工作的人会极为在意当地的人口定居情况，身在别处的人自然不太关心。不过，了解人类迁移与适应环境很有可能会帮助我们理解人类自身，理解人在不同生态系统中所扮演的角色。世人常常忽视人类定居澳大利亚的故事，他们或许认为那段过往毫无趣味可言，也缺少研究价值。其实，这些都属误解。[1]

　　另一种常用的追踪、研究人类迁徙过程的技术——基因组研究——也一直遭到不公的冷眼。破译人类或其他动物的遗传密码通常要依靠提取保存下来的骨骼与牙齿之中的古代DNA（即aDNA），以此建立基因组间的联系。科学家们还研究现代DNA，以期获得并比较不同物种的遗传信息。若是觉得澳大利亚原住民孤立且无趣，那又何必要查看他们的DNA信息呢？这种态度无异于默许了纵贯18～21世纪的种族偏见，其结果是研究者忽略了许多潜在的重要信息。

基因组研究有若干标准方法。一种是对两个现存群体的DNA进行采样，并通过两样本之间相异的基因突变的数量，推断其与共同祖先分离的时间。而另一种方法则是采集古代DNA，将之与现代基因组样本进行对比，尝试识别与古代人类关系极为密切的现世群体。无论采取哪个方法，关键问题在于需要多少个单独样本才足以代表曾经或现存的多样性。除此之外，研究中的另一困难在于，现世人群通常不知晓其祖先的详细信息，甚至在不知情的情况下与特定族群或地缘群体（即便祖先有可能包含其他族群）建立起自我认同。欧洲于1788年左右开始在澳大利亚建立殖民地，而后不同人群之间进行基因混合（无论强制还是自愿）的几率便大幅增加，但这点很少被公开承认过。确定哪些基因序列能够识别一个群体实属不易，况且得出的答案有时还会与家族史相悖。

　　许多从事牛羊放牧或长途跋涉的澳大利亚原住民妇女都会和有着欧洲血缘的男性发生关系，并与他们生儿育女。此种情况的性质千差万别，不少小孩儿出身不明。20世纪10年代～70年代间，政府的官方政策是将原住民和托雷斯海峡岛民的孩子带走，并将其安置在公立机构（通常为教会学校）接受教育，以期他们能够按照西方的习俗生活，延续欧洲血统。这些孩子被称作"被盗的一代"（Stolen Generation）。据估计，每三个原住民儿童中就有一个被"盗走"。此举的目标昭然若揭：将孩子的原住民身份消除，迫使他们同化，进而消灭原住民文化。政府以残酷的手段禁止孩子们讲母语，也不许他们与家人联系。很多孩子遭到性虐待与殴打，也有很多因与家庭和文化的割离受到了心理创伤。

　　DNA即使没有混合，也有可能因自然力量降解至无用的地步。一旦DNA被提取、净化，如何正确解读基因组信息便可能会被重新讨论。直到最近，人类和其他物种的大多数"全球样本"或"全球基因组"数据库都很少包含，甚至根本没有来自大澳大利亚的现代或古代样本。在某种程度上，这种缺失可以归因于一种不屑一顾的假设：澳大利亚的故事根本毫无价值。自殖民时代开始，澳大利亚原住民就被视作一个一成不变、缺乏创造的民族，固守着原始文化，就像被时间冻结了一般。在20世纪60年代，澳大利亚发生革命性变化以前，基本只有拥有欧洲血统的外行人乐意为博物馆或私人馆藏收集石器或其他文物，愿意去古遗址考古，或是对澳大利亚史前史感兴趣。直到20世纪60年代，人们才开始专门对澳大利亚遗址进行系统的地层挖掘，确定遗址中文物的时间、深度和空间分布，而非简单收集地表或地表附近的古物珍品。

造成此种缺失的部分原因还在于，原住民族群不愿意提供DNA样本。观其历史，这些原住民有理由不信任欧洲人的行为。罗伯特·休斯（Robert Hughes）在他的杰作《致命海岸》（*The Fatal Shore*）中记载道，澳大利亚原住民对白种英国人说的第一句话是"哇啦，哇啦！"，意为"走开，走开！"。一看到英国船只驶进植物湾，原住民立即对他们挥舞长矛，如是叫喊道。如果这个故事属实，那么第一批澳大利亚人似乎从一开始就感受到了欧洲入侵者的威胁。从过往的历史来看，他们的直觉无疑是准确的。[2]

如今，许多原住民都对外来者的剥削颇为警惕。宗教或精神信仰或许令他们难以接受自己祖先的骨头、圣物或圣地被移除、损坏或展示。他们可能也会反对对身体组织或体液进行研究分析。有些人能够贡献或批准使用具有影响力的地点与物品，科学家与这些人建立信任，进行沟通至关重要。原住民信仰和知识或许囊括了有助于解释过去的关键信息，因此科学家与原住民应该能意识到合作对双方皆有益处。[3]若要了解人类或动物基因组及他们的生活方式，或适应不同生态系统的可变性，我们不能遗漏任何人类群体，当然更不能漏掉拥有最能揭示早期现代人能力与适应性的群体。但若是认为如今的澳大利亚原住民保持和他们几千年前的祖先一样的生活方式，这也是不理智的。他们的骨骼和基因或许和从前大体一致，但他们今天所展现的能力、行为、信仰或认知并没有给我们太多线索——我们不知道澳大利亚原住民在这些方面和他们的祖先是否仍然无异。考古资料是唯一可靠的线索，但充其量也只有一个概况。

初次研究澳大利亚文化的史前史学家和考古学家们很大程度上受了欧洲前辈学者的影响，他们会寻找遗址中的工具来确认沉积层年份。举个例子，当遗址上出现阿舍利文化的工具时，该遗址就应该比含有莫斯特工具（通常来自尼安德特人）的遗址要早一些（但还是前人类时代）。而莫斯特工具又比现代人类的勒瓦卢瓦工具要早一些。这些已不再被欧洲视作铁律，而且无疑不适用于大澳大利亚，但在18世纪晚期、19世纪及20世纪早期曾被奉为圭臬。在20世纪早期，罗伯特·普莱茵（Robert Pullein）表示澳大利亚原住民是"不变环境中的不变者"。这种观点与国际上颇有声望的史前史学家维尔·戈登·柴尔德（Vere Gordon Childe）的看法相似。柴尔德认为澳大利亚考古"无聊透顶"，因为这里似乎没有创新或进步；他因而将此地视为"文化落后区"。与现代考古学家不同，柴尔德和同时代的学者们没有认识到，原住民文化在气候变化和迁入其他生态系统时能做出灵活且创新的适应，并不是静止不变的。考古学中更为现代的研究方法的代表伊恩·戴维森（Iain Davidson）恰如其分地指出："澳大利亚原住民的历史显示：他们是变化的环境中变化的人，能用绝妙的方法适应环境中的挑战和机遇。"[4]

澳大利亚环境特殊，相关记载非常重要。由于大澳大利亚在地理上的隔绝，以及大部分区域恶劣的地形和气候，物种到达此地后的进化过程并不明显受外来物种或反复迁徙的影响。大澳大利亚的历史和史前史似乎比欧洲和亚洲的更直白明了，尽管我们对此的认知还远远不够。澳大利亚与其他地方的动植物几乎完全隔绝，这里的精彩故事独一无二。尽管当代澳大利亚人的基因显示他们与亚洲人、太平洋岛民或美国原住民少有交合，但聊胜于无。现代人类和澳大利亚本土的动植物群在那里生活了至少60000年，其间很少有来自外界的侵扰——直到大约5000年前，澳洲野狗出现了。

就和人类一样，澳洲野狗或者说澳洲野狗的祖先也一定是通过船只到达澳大利亚的，但我们不知道其中的原因，也不知道是谁做了这件事，因为船只的主人并未留下太多关于他们起源的有效线索。若要在狗和它们的人类伙伴上找到进化的痕迹和驯化的影响，我们得承认澳洲野狗或许能帮助我们阐明犬类在驯化时或驯化前的状态。因此，我们必须将澳大利亚65000年的人类历史和四五千年的澳洲野狗的历史结合起来考虑，从而找出一个自洽的解释。[5]

澳大利亚的历史十分重要，因为这展示了一个大洲在初有现代人类居住时发生的一系列事件以及人类带来的影响。现代人类迁出非洲进入新地理环境时发生了什么？这个问题的解答面临重重阻碍，其中之一就是，如果我们只关注欧亚大陆的历史，那我们所用的资料就只有一个样本。这并不乐观，而且可能会得出错误结论。

人类栖居澳大利亚不是人类的迁移和适应史上微不足道的小事，也不是重大问题水落石出之后尚未查明的细枝末节。澳大利亚人类栖居的相关史料能帮助研究人类迁移、适应和进化等更宏大的议题，相比之下，人类栖居澳大利亚这个问题本身并不亟待解释。人类在迁入新地区、新生态环境和新气候时发生了什么？他们是如何适应的？为什么人类在开疆拓土时倾向于把狗带在身边？没有狗这个事实对第一批澳大利亚人有何影响？

关于澳大利亚最早考古遗址的新证据已经震动了全球。进入澳大利亚意味着现代人类首次扩张到新的巨型大陆块，该时间可能在大约70000年前或55000年前；若是如此，这就早于现代人类在欧洲中部和东部的出现（大约50000年前），而且人类中未来欧洲人、亚洲人、澳大利亚人的分化就会更早。如果我们想了解这种分化是如何出现的，我们就应该将澳大利亚作为典例首先研究。人类进入欧洲和亚洲的历史，很长一段时间内都在学术文献和大众读物中占据主要地位，但相比澳大利亚，这两者其实是后话了，但是也提供了另外的视角，反映了人类迁移和适应在不同的条件下是如何发生的。

人类最初适应澳大利亚的一个重要方面就是知识的分享。在澳大利亚任何地区或"国家"，知识的传授与学习都深深植根于澳大利亚原住民的传统文化实践中。当第一批澳大利亚人向南方和东方迁移（很可能是通过沿海路线到达大澳大利亚），他们想出了一些创新且绝妙的方法来利用沿海资源。（据我们所知，他们的技术进步并不涉及与家犬的合作。）在几千年中，气候发生了变化；海平面经历了升降且海岸线也有了改变，这意味着大澳大利亚曾经的部分土地如今成为了海岛，比如新几内亚和塔斯马尼亚。但对澳大利亚原住民来说，土地面积仍然广阔，野生鸟兽依然众多，但他们对这些深感陌生。

第一只狗：我们最古老的伙伴

澳洲野狗的重要性

由于犬科动物是最早被驯化的动物，而驯化动物改变了人类的生活，因此追踪犬科动物驯化的地点、时间和功能尤为重要。据我们所知，澳洲野狗是到达澳大利亚的第二大哺乳动物，仅次于人类。澳洲野狗也是乘船来到澳大利亚的；一些研究人士据此推断，澳洲野狗在抵达大澳大利亚前，至少已是半驯化状态了。然而，许多未经驯化的动物也是乘船来到澳大利亚的，例如狐狸，长颈鹿、驼鹿等各种鹿科动物，狮子和猎豹。舞蹈（原住民举行的歌舞会）与神话中涵盖的传统知识也反映出，即便澳洲野狗当时并未完全驯化，它们照样会被沿海乘船的人无意或有意地带到澳大利亚。

其实，半驯化是一个含义不明的术语。真正的驯化意味着人类对动物幼崽的繁殖与生存产生影响，因而能够对物种的遗传基因加以筛选。半驯化的狗常被称作乡村犬，自由放养、自由繁殖，并在由人类管理的环境中觅食。相比真正的野狗，它们更能容忍人类的存在，也可能拥有为他人所知的主人和名字。虽然乡村犬以人类提供的食物与遗体残渣为食，可以被当作人类的共生体看待，但人类并不能左右乡村犬的繁殖选择。这些狗经常与各种品种杂交——亚洲甚至常会出现欧洲品种；它们可能在特定地理区域繁殖，形成类似于植物的地方品种的群体。然而，目前几乎没有证据能够证明亚洲乡村犬进行了选择性繁殖。相关基因组研究表明，乡村犬拥有相当程度的遗传多样性，这便导致一些研究者认为它们与被驯化的原始犬科动物很是接近。倘若半驯化的乡村犬是澳洲野狗的直系祖先，那么我们便没有理由认为，澳洲野狗原先是完全家养的物种，抵达大澳大利亚后变得野蛮。通过援引人们从苏拉威西岛的望加锡乘船到金伯利（澳大利亚西北部），后来到阿纳姆地收集海参的长期做法来解释野狗的起源，的确颇具吸引力。梅兰妮·菲利奥斯（Melanie Fillios）和保罗·塔康（Paul Taçon）很赞成这一思路。按照传统，一群人会航行到澳大利亚的西北海岸，建立一个临时村庄，住上几周或几个月，他们在此收集海参，然后把晒干、烟熏好的海参带回家，作为名贵食材或药材卖给中国商人。[1]

众所周知，海参收集者在16世纪前往澳大利亚，但他们本可以带着乡村犬在更早的时候前往该地。彼得·萨沃莱宁及其团队记录了澳洲野狗和东南亚乡村犬两者之间部分线粒体DNA（mtDNA）的遗传相似性。他们得出的结论为，澳洲野狗可能起源于少数东亚家犬或乡村犬，因为他们在这项研究中只检测到了野狗带有的线粒体DNA单倍型，且与东亚常见狗的单倍型相匹配。然而，凯莉·凯恩斯（Kiley Cairns）与艾伦·威尔顿（Alan Wilton）在后来对于整个澳洲野狗基因组的研究表明，萨沃莱宁团队使用的样本具有误导性，这可能是因为样本仅囊括了几百对碱基对的线粒体DNA。凯恩斯和威尔顿使用全基因组，在野狗中发现了20个单倍型，这无疑削弱了萨沃莱宁团队的结论，并使得野狗的起源更加模糊。[2]目前并无考古学证据证实澳洲野狗起源于望加锡，因为还没有人在澳大利亚年份极为久远的考古遗址中发现独特的望加锡文物，也没人在澳大利亚原住民身上看到明显的望加锡基因印迹。

为什么人类会带着未驯化或半驯化的狗，一同踏上采集海参的航行呢？犬科动物或可保护人类，它们是潜在的食物，可以用来保暖，帮人类清理垃圾与废物，还可以作为人类的同伴，陪人类一同踏上漫漫旅途。一般来讲，犬科动物扮演着诸多不同角色，因此我们很难辨别以上哪个原因最合乎当时人类的意图。至少在某些情况下，野狗很可能会一头跑进灌木丛中，而其人类伙伴则带着海参或其他干粮回家了。在采集海参时携带犬科动物的习惯由来已久，主要证据存在于许多澳大利亚原住民群体的文化记忆——梦境中的故事与舞蹈中，以及地理证据中。然而，区分澳洲野狗与狗、澳大利亚原住民与东南亚登陆者的基因学证据却表明，携带野狗既不是常见事件，也并非在古代反复发生之事。

尽管我们获得的样本总带有误导性，但分析犬科动物基因组时还是不能略去澳洲野狗和新几内亚歌唱犬，否则便会歪曲关于原始狗的真相。几乎人人都认为澳洲野狗与新几内亚歌唱犬是基础犬（高度原始化的狗），它们可能代表了犬科动物最早的驯化状态。一项基因研究发现，112只野狗和新几内亚歌唱犬（加上另一项研究中的5只雄性弗雷泽岛野狗）中共有20个单一串联重复单倍型聚集在三个单倍群之中；大多数澳洲野狗和全部新几内亚歌唱犬都携带这些种群所特有的H60单核苷酸多态性突变。[3]

苏尔巴克提（Surbakti）及其同事在2014年重新发现了新几内

亚高原野狗的活种群，最近的一项研究以此为基础，确定了新几内亚高原野狗与澳洲野狗和圈养的新几内亚歌唱犬形成了独特的遗传谱系。这些遗传相似性反映出它们之间拥有密切联系，澳洲野狗和新几内亚歌唱犬之间的形态相似性亦是如此。事实上，许多未按照既定谱系标准培育的犬科动物，其外观与澳洲野狗非常相似，例如贱民犬、巴厘犬、印度本土犬、巴辛吉犬与其他亚洲原始犬。在写作这本书时，我开始将澳洲野狗约等于"狗的默认状态"，因为有许许多多本土或原始犬都和它类似。若你用宽松的定义来理解"本土"一词，将在澳大利亚存在不超过5000年的动物视作本土物种，那么没错，澳洲野狗的确是本土有胎盘哺乳物种，是大澳大利亚的主要本土犬种。[4]

从某种意义上讲，"定居"澳大利亚和塔斯马尼亚的欧洲人是第二批迁入大澳大利亚大陆的人类，距人类第一次迁入已有数千年之久。第一批欧洲定居者不了解当地的水源与其他资源情况；就算澳大利亚原住民向他们展示"丛林食物"或野生食物，欧洲人也无法了解它们到底有多重要。殖民者总是轻视澳大利亚原住民的生存知识，即使他们迫切需要食物维生。

这些殖民者移民没有向当地居民学习，不消灭当地猎物便不算完，他们还很不尊重原住民对狩猎场的所有权，这纯属自找麻烦。澳大利亚原住民依据经验，规划管理了栖息地，而欧洲人对此概不承认。在首次对澳大利亚东海岸进行热情洋溢的描述与报告时，詹姆斯·库克以及最初与他一同乘"奋进号"航行（1770年）的军官们写道：这个国家是多样化的，有树林、草地和沼泽。库克发现这片森林没有任何林下灌木丛，还吹嘘这些树木相隔甚远，以至于整个国家（或至少是国土的很大一部分）都可以用以耕种，根本无须定居者砍伐一草一木。如同早期的欧洲定居者一般，库克对原住民的领土管理方式视而不见，这些管理方式经过了深思熟虑，相当复杂精细。欧洲人在抵达大陆时发现的多样化栖息地皆由原住民精心维护。可怕的是，原住民在欧洲人到来之前就已经颇有计划地利用火种焚烧、造景，而欧洲定居者却阻断了这一行为。比尔·伽马奇（Bill Gammage）的工作成果令人信服，其结论表明澳大利亚原住民经常使用受控并由计算得出的植被焚烧模式来创建不同植物与栖息地的拼接体，用以影响植物资源与动物的分布情况，使人类自身获益。欧洲人认为"地球上最大的庄园"和丰富的自然资源，其实是原住民深入了解环境、精心规划土地的产物。原住民知道应该何时焚烧、焚烧何物，以及焚烧频率。正是这种精心考量而成的土地管理使得他们在沙漠栖息地中成功存活了下来。[5]

第一批澳大利亚人没有采用欧洲人将之等同于农业的围栏、永久定居点、家畜和大型食物储存设施，他们在这样的情况下耕种土地。无论是1788年的欧洲殖民者和罪犯，还是他们如今的后代都不明白现代土地和生态系统退化是由澳大利亚原住民被迫中断计划性焚烧直接造成的。把握丰富的动植物学知识，以及理解特殊焚烧对于植物和景观的影响是复杂而精细的观察与实践的成果，这些实践与观察极大地帮助了第一批澳大利亚人的生存。殖民侵略者不知道如何耕种或管理澳大利亚的土地，也并未向原住民请教学习。欧洲人带来了物资、种子、母株、牲畜和人力，但他们没意识到自己的多数做法并不适合脚下这片土地。欧洲来的劳动力大部分是因犯，并非乡下农民出身，因此农业经验很少。

1803年被英国官员带入塔斯马尼亚的首批家犬——物种适应

大澳大利亚非常环境的一个例子——得到了充分研究。这些家犬带来的影响或许与澳洲野狗在塔斯马尼亚造成的影响相似，前提是澳洲野狗曾到过塔斯马尼亚。（巴斯海峡将澳大利亚大陆与塔斯马尼亚分离的时间远早于澳洲野狗到达澳大利亚大陆的时间，所以澳洲野狗从未到过塔斯马尼亚。[6]）

居民们在霍巴特附近的草原上和带来的狗一起猎捕袋鼠，获得了巨大的成功，因为袋鼠对犬类捕食者没有戒备。据称，袋鼠数量众多，灰狗一早上能轻松抓到六七只袋鼠。拥有英国猎犬是文武官员的显著特权。1804年，澳大利亚原住民们开始试着抓欧洲人在他们猎场上猎杀的袋鼠。到了1805年10月，从欧洲带来的补给消耗殆尽且无法在当地找到替代，殖民者们预计会出现食物短缺问题。塔斯马尼亚的第一位牧师罗伯特·纳普伍德（Robert Knopwood）在当时的日记里担忧地表示，殖民地剩下的面粉只够吃3周，猪肉只够吃5周。总督于是决定将新鲜的袋鼠肉作为居民配给的一部分，这能大大降低坏血病的发生率，而且也避免了居民们饿死。总督的这一决定导致人狗合作在澳大利亚原住民的猎场上抓袋鼠这件事在1806年成为了严重的冲突事件。

殖民地很快就发展起了"袋鼠经济"——只要能偷到一只狗，就能得到肉和毛皮，肉和毛皮后面就卖给政府或者私下消耗。袋鼠经济让罪犯和丛林逃犯开始在殖民地逍遥法外。有了一只狗，就可以逃开劳役，自由生活。狗能杀袋鼠，所以丛林逃犯连枪都不需要。有些农夫抛下农业，过上了和丛林逃犯一样的生活，加剧了食物短缺问题。纳普伍德对这样一些问题已有先见之明，然而他还是参与了袋鼠经济——向政府商店贩卖袋鼠肉和毛皮赚到的钱让他的收入翻了不止一番。

到了1806年，在种群自然扩张、偷窃和合法交换等因素的作用下，狗的分布更加广泛。随之而来的过度捕猎造成了附近菲利普港和霍巴特的袋鼠数量显著下降。为了寻求更多猎物，也为了避开殖民地的管控、惩罚，以及生活上的控制，丛林逃犯和猎人们去到了离定居地更远的地方——他们进一步侵入了原住民的猎场；欧洲人和原住民之间的报复和谋杀更加普遍。狗和由狗催生的袋鼠经济触发了1824～1832年间的"黑色战争"——更确切地说，是殖民者对塔斯马尼亚人残暴且系统性的灭绝行动。

澳大利亚在地理上的孤立提供了另一个有用的视角，或许能帮助我们追溯现代人类的迁移和在进入新地区时的适应或失败。基因学家伊丽莎白·马蒂苏-史密斯首创了共生方法来研究太平洋群岛的人居问题，主要是对确定由人类带入此地的动植物进行基因分析。换言之，因为这些物种必须靠人类运入太平洋群岛，所以它们的出现昭示了人类的存在。一些常见的共生物种——昭示人类存在的标志——包括朱蕉、构树、芋头、葫芦。[7]

在殖民地居民有照片、日记和书面资料前的很长一段时间里，已经存在着另一种零散的大洋洲移入潮，史称新石器革命，其主体是拉皮塔文化（Lapita culture）。这种生活方式具有花园农业的特色，狗、猪、鼠、鸡，以及风格独特的陶器。这一革命引起了对当地资源的驯化，并且扩张了太平洋群岛人类的居住范围。拉皮塔文化的陶器在澳大利亚并未得到大规模生产，鸡和猪的养殖数量也不多——这两种动物对传统新几内亚文化和很多岛民族群非常重要。尽管澳洲野狗确实和轻度驯化的狗没有区别，而且这或许可以作为人类存在的间接证据，但它们并没有和第一批澳大利亚人一起到达澳大利亚。澳洲野狗是野化的亚洲家犬，还是从未被驯化过的犬科哺乳动物——学界仍存在很多讨论。[8]

为了解决这些问题，张少杰与同事们研究了家犬和野生犬类的基因差别。这项工作基于一个尚未证实的预设：澳洲野狗在被运入澳大利亚之前已经在亚洲某处得到驯化，入澳之后才野化。这项研究的根本问题在于：驯化在驯化者（人类）和被驯化者两方都造成了行为变化，这些变化导致某些基因变化得到保留——唯一前提是人类控制着潜在被驯化者的育种。但是考古资料中没有找到最初的行为变化的标志，也没有迹象显示这些变化是何时开始的。因此，如张少杰所称，澳洲野狗可能曾被驯化但遗失了被驯化时习得的关键行为，也可能从未被完全驯化且没有被澳大利亚原住民以一些会导致驯化的方式对待。[9]

张的团队对10只澳洲野狗和两只新几内亚歌唱犬进行了基因测序，并将这些数据补充到文献中的97个犬类全基因组中，获得共计109份个体样本。文献的97个犬类全基因组包括1只澳洲野狗，40只来自中国大陆、中国台湾和越南的土狗，4只来自尼日利亚的乡村犬，6只印度乡村犬，3只印度尼西亚乡村犬，3只巴布亚新几内亚乡村犬，19只不同家养品种的狗，以及21匹来自欧亚大陆的狼。数据分析显示，狼、亚洲本土狗群和欧洲狗群、澳洲野狗和新几内亚歌唱犬这三个群体之间存在明显的基因分离。研究人员发现，印度尼西亚的乡村犬在基因上与澳洲野狗和新几内亚歌唱犬最为相似。

张和同事在澳洲野狗中发现了50个正向选择的基因，这些基因影响淀粉和脂肪的代谢以及神经的发育；其中13个基因的情况与狗不同，但与狼相似。另一个例子是α-淀粉酶基因座的增加，这是家犬的淀粉消化能力提高的原因。而澳洲野狗和狼的α-淀粉酶基因座含量很低。尚无可靠途径来确定这些基因变化是何时发生的。

张的团队估计印尼乡村犬在大约9100年前与其他狗分离，并在大约8300年前与澳洲野狗分离，但是这与考古和古生物资料有很大出入。该团队将这种出入解释为澳洲野狗在野化过程中出现过基因逆转，不过也有可能澳洲野狗从未被驯化，所以只是持有狼最初的基因，没有过基因变化。

那么父系遗传是什么情况呢？本杰明·萨克斯（Benjamin Sacks）和同事分析了美国的一个新几内亚歌唱犬圈养种群（该种群主要繁殖方式是同系交配）的Y染色体。结果显示，澳洲野狗和新几内亚歌唱犬到达澳大利亚大陆的时间最有可能出现在新几内亚和澳大利亚大陆之间的大陆桥沉没之前。目前认为2014年发现的新几内亚高地野生犬与圈养新几内亚歌唱犬在基因上有密切联系。因为所有的圈养新几内亚歌唱犬都是由8只野生狗繁衍而来，同系交配程度很高，也难怪苏尔巴克提和同事们分析的新几内亚高地野生犬和澳洲野狗非常相似，但是基因更多样。Y染色体数据显示，澳洲野狗的祖先们在8000多年前到达澳大利亚大陆，但直到3500年前左右才留下古生物和考古资料。在这两个时间点之间，澳洲野狗似乎不可能不在澳大利亚原住民的住处或墓葬中出现，除非在早期的几千年中，它们并不是和原住民亲密生活的家畜。[10]

若正如学界基于考古证据（非基因证据）所得出的推测，澳洲野狗到达澳大利亚的时间并不是在距今约3500年前，那么它们就没有和首批定居者们一同到达这片大洲，也没有参与首批定居者在此的生活。因此，我的猜想——早期现代人幸存的重要因素是与狗合作打猎——在欧亚大陆合理，但并不适用于澳大利亚。不仅如此，澳大利亚在很多方面都与众不同。

用澳洲野狗作为人类居住的标志时存在着一个严峻的问题：澳洲野狗是什么——这还没有统一的答案。我们一定程度上可以确定澳洲野狗没有和首批澳大利亚人同时进入大澳大利亚，但是可能与一些流动人群在稍晚的时候一同抵澳。但是澳洲野狗究竟是家犬野化（张少杰主张）还是一种独立的野生犬类（马蒂苏-史密斯主张），在这个问题上学界仍存在很大分歧。但是，可以确定澳洲野狗在繁殖方式、发育、发声、骨骼比例、爬坡能力、社会行为和与人的关系上都与欧亚大陆类似体形的家犬不同。[11]

最后，在澳洲野狗的来源这个问题上，并不存在强有力的证据，因为基因研究中所用的样本不一定包含纯种澳洲野狗。一些学者估计澳洲野狗和家犬杂交产下的后代占澳大利亚野化犬类的78%。纯种澳洲野狗可能已经灭绝，尽管最近来自某些区域的样本似乎并不带有杂交痕迹。

无论澳洲野狗何时到来，最有可能的情况就是它们与人类一同坐船到达澳大利亚大陆。所以如果我们想了解人类迁入大澳大利亚的历史，我们还需要仔细研究澳洲野狗，以及现代人类栖澳与后来的澳洲野狗入侵之间可能存在的相似性。

外来者如何侵入澳大利亚

现代人类之所以能顺利迁移、适应并扎根在欧亚大陆，狗的驯化起到了关键作用。那么为什么在澳大利亚的人类社群中，狗没有扮演同样关键的角色呢？为什么第一批澳大利亚人没带着他们的狗远涉重洋？答案很明显：在现代人类走出非洲，开始向欧洲、亚洲扩张时，狗还没有出现。而当澳洲野狗出现，第一批现代人已经在澳大利亚大陆上生活了约10000～30000年。二者间的区别不容忽视，因为相较于欧亚大陆，人类和犬科动物想要在大澳大利亚生存下去，所需的适应能力和知识完全不同。

初登澳大利亚的现代人类面对的是一个崭新的生态系统，呈现出全然陌生的模样。当现代人类首次出现在欧洲时，欧洲冰河时期的基本动物群与人类最初进化的非洲动物群大体相似，但在澳大利亚却不是这样。另一个区别是，人类走出非洲进入欧亚大陆时，他们遇到了在该地区以狩猎为生，存活了数十万年的远古人类，而进入澳大利亚的人类则没有碰到同样的情况。综上，比较进入欧亚大陆和大澳大利亚的现代人类，比较二者在迁徙和适应中的挑战，有两个至关重要的因素。

首先，当现代人类到达欧亚大陆时，他们本应占据的捕食性生态位——两条腿、使用火、制造工具——却已被另一个物种占据，这个物种有可能是尼安德特人、丹尼索瓦人或是其他古人类。我们凭常识便可确定，"捕食性哺乳动物"这一种团内部，竞争一定是非常激烈的。因此，任何狩猎技术的升级，如与半驯化狗的勉强合作，都会极大程度地造就现代人类的成功。

与之相对的，澳大利亚的本土猎物都很幼稚，还没有学会惧怕人类。对彼时的人类而言，幼稚的猎物简直是送上门的食物。常被狩猎的是中型或大型物种，它们抵御捕食者的主要手段仍是凭速度逃脱。在旧世界（非洲），牛科、马科、鹿科、犀科、长鼻目动物等常见猎物会用疾驰、纵跃的方式迅速避开捕食者，而大澳大利亚的有袋哺乳动物常以跳跃的方式逃跑，较小的哺乳动物则会爬树或钻洞。澳大利亚的有袋哺乳动物体形不等，有的仅有老鼠大小，有的则身形巨大、移动缓慢，如澳洲丽纹双门齿兽、袋貘（躯干短小，类貘）以及袋犀。这些动物中的大型野兽大致可被看作澳大利亚的长鼻目动物或"澳洲犀牛"。而长着可怕爪子的大型地栖鸟类——食火鸡、鸸鹋、牛顿巨鸟——似乎能迅捷地奔跑，也因其利爪而具有极强的自卫能力。总而言之，澳大利亚动物群的独特性需要新的狩猎策略和对物种习性的新知识。直到几千年前，澳洲野狗和彻底被驯化的狗才出现在大澳大利亚。这一事实也说明，第一批居住在大澳大利亚的人类并无狩猎同伴和助手，但从考古学记录中，我们却有惊人发现。

基因测算和人类居住地的化石遗迹都表明，澳洲野狗大约是在5000~3000年前到达大澳大利亚的（尽管二者的测算结果存在些许出入）。我们有理由推断，在到达大澳大利亚之前从未被驯

第一只狗：我们最古老的伙伴

化的野狗几乎不可能在登陆后立即与人类产生交集，但考古遗骸却暗示着相反的事实。大澳大利亚已知最早的野狗遗骸是在一个疑似人类墓地的地方发现的。这一事实有两种解释，考虑到澳洲野狗在约5000年或更久之前在分子层面与狼谱系发生分歧，而澳洲野狗的化石记录则是出现在距今3250年（据放射性碳测年，已校准）前，因此一种解释是发现的遗骸未必是"澳洲野狗"；而另一种解释则是，澳洲野狗在初登澳大利亚时，便已被驯化，或至少能忍耐和人相处，它们可能会在寻找其他资源时立即寻找人类栖息地。

目前已知最早的野狗标本来自马杜拉洞穴（the Madura Cave），一处位于纳拉伯平原的人类墓葬，可追溯到距今3450（±95）年前。最近，从该地点回收的两块野狗骨头被测算为距今3348年和3081年前，由此得出野狗到达澳大利亚南部的可靠日期约为3250年前。那野狗登陆澳大利亚发生在多少年前？专家众说纷纭。简·巴姆及其团队认为野狗从登陆到散布至整个大陆并不会花太久，他们指出在塔斯马尼亚岛，人与狗重复这个过程仅花了不到30年；克雷姆·格兰（Klim Gollan）则估计该过程长达500年，而格伦·桑德斯（Glen Saunders）及其团队则估算其为100年。相比之下，猫只用了大约70年就散布到了澳大利亚大陆。以上估计全都和基因测算的结果不符，后者将野狗登陆的时间定在5000～18300年前或更早以前。遗憾的是，基因测算从来无法确定日期，它们据观察到的突变数量来估算突变需要多少年才能发生。但并不是所有的基因都以相同的速度发生突变，因此突变的数量并不总能准确地估算物种产生差异及新物种诞生的时间。与人类一样，野狗最有可能到达的地方是大澳大利亚北部，要么通过新几内亚，要么通过阿纳姆地，因此要到达澳大利亚大陆南海岸的纳拉伯，就必须路过数千英里内的不同栖息地。野狗能如此有效地迁徙，从北部来到南部，表明它已经卓有成效地适应了澳大利亚的诸多栖息地，并且人类可能扮演了推手的角色，提供了许多野狗本难以获取的资源。考古学家发现，出土澳洲野狗骨头的遗址也往往含有人类踪迹，这很大程度上说明澳洲野狗在抵达澳大利亚后已部分驯化，或至少对人类具有耐受性。[1]

想要重述野狗抵达大澳大利亚的全过程，还需面对另一个难题：即便是经验丰富的野生动物专家也几乎不可能凭视觉来判断一只野狗是纯种的，还是具有家犬的血统。过去，人们区分纯种澳洲野狗和杂交野狗，往往是对其头骨进行精密的标准化测量。但如今，该测量结果不再被认为绝对准确，因为已知的第一代杂交种在形态上更接近于野狗，而非家犬。形态测量方法很难区分狼与狗，也同样很难区分澳洲野狗与家犬。诚然，比较基因组也是行之有效地区分纯种野狗和杂交种的方法，但问题在于，基因组的比较必须通过捕获或杀死目标动物来实现，这与环境保护的宗旨背道而驰。已故的艾伦·威尔顿和其他人发现了一种微卫星标记（一段重复排列的DNA，它不编码任何东西但会遗传给后代），并认为这个标记是澳洲野狗独有的。作为补充，基因组分析在野狗及其近亲新几内亚歌唱犬的Y染色体上发现了一个特殊的单倍型组合。彼得·萨沃莱宁和阿曼·阿达兰（Arman Ardalan）领导的团队得出结论，澳洲野狗只有两个单倍群谱系。但是，凯莉·凯恩斯的小组在研究澳洲野狗的整个线粒体DNA（mtDNA）基因组后，削弱了之前的结论：她的团队在样本中发现了总共20种不同的单倍型，两个结果大相径庭。早期的研究如何忽略了如此多的可变性？问题的关键是凯恩斯的研究检查了整个基因组，而非几百个碱基对的样本。[2]

凯恩斯小组发现的两种主要单倍型，一种是从北部和西部的野狗中发现的，另一种则是从东南部的野狗中发现的。尽管所有检测的样本都来自"野生"野狗，但由于纯种野狗和混有家犬血缘的杂交种野狗颇难分别，因此两种单倍型是否为野狗特有值得商榷。遗憾的是，如何定义物种为新几内亚歌唱犬也同样困难，该物种也相对不为人知。所有圈养的新几内亚歌唱犬都是19世纪和20世纪中叶捕获的七八只个体的后代，因此它们是高度近亲繁殖的。它们看起来很像野狗，不会吠叫，而是齐声"唱歌"（嚎叫）。它们的皮毛通常是姜黄或红色，但也有个体呈现深浅不一的褐色，或在下巴下方、爪子和尾尖有白毛。它们尾巴有蓬松的毛，毛皮带绒，头部呈相对宽阔的楔形，腿比野狗短，耳朵自然竖立。成年后它们的体重约为8～10公斤。

研究者分析了来自新几内亚高地野犬野生种群的三个高质量个体样本，现在捕获的新几内亚歌唱犬都被确认来自该原始种群。这些野生犬科动物与新几内亚歌唱犬的近交圈养种群密切相关，在遗传变异性上呈现轻微差异。现在，我们基本可以确定，这些新几内亚高地野犬是目前幸存的新几内亚歌唱犬的原始种群，并且与来自澳大利亚的纯种澳洲野狗密切相关。加利福尼亚大学洛杉矶分校的本杰明·萨克斯和他的同事分析了Y染色体上的单倍群（从单一祖先谱系继承的遗传分组），并对他们认为未曾混血的雄性野狗进行了采样。他们的分析表明，存在两种谱系关系：西北部澳洲野狗共有单倍群H60和H3，这使得它们在遗传上更接近圈养的新几内亚歌唱犬，而西南野狗则拥有H3和H1单倍群。然而，上述根据Y染色体数据得出的结论与根据母系携带的澳洲野狗线粒体DNA得出的结论存在冲突，这表明来自东南部的雌性澳洲野狗与新几内亚歌唱犬的亲缘关系更为密切。这种明显的冲突可能反映了不同性别野狗之间的行为弹性。也许雌性比雄性更容易被新群体接受，或样本动物也许存在问题。但最关键的问题仍是我们不知道该研究和其他研究中的澳洲野狗是否真的是纯种。阿达兰及其同事解释说："血液样本来自47只分布在澳大利亚各处的圈养和野生的独立雄性野狗……我们通过微卫星和表型分析，对样本野狗进行采样，尽可能地避免样本是杂交种的可能性。"目前尚不清楚阿达兰及其同事是如何确保他们采样的野生动物相对独立，与其他样本无牵涉。不过考虑到他们采集的样本相距甚远，样本独立的假设倒也合理。最近，由梅兰妮·菲利奥斯资助的对木乃伊遗骸、皮肤、化石和博物馆遗骸的标本进行研究，终于完成了对澳大利亚最早的、前殖民时期的野狗标本的基因组测绘，我们也终于得到了澳洲野狗这一物种完整的基因组。在此之前，所有基因组研究的结果都仅被认为是临时的。菲利奥斯的研究是理解人与野狗关系的关键。[3]

比较第一批抵达的人类和随后抵达的澳洲野狗对澳大利亚大陆的适应，有望阐明迁移到该大陆的有胎盘捕食者所面临的挑战。同为捕食者，现代人类和野狗虽处于不同生态位，但在相同环境下这两种截然不同的物种在群体规模及组成、适应寒冷和干燥环境以及利用可用资源方面表现出某种相似性。[4]澳洲野狗以家庭为单位，建立规模相对较小的群落，该做法与第一批来到澳大利亚的现代人类不谋而合。同样相似的是二者对于水源的了解。尽管很难衡量澳洲野狗对其领地内水源的了解程度，但生理学的研究表明，与大多数犬科动物相比，通过进化，澳洲野狗更能忍受长时间的淡水短缺。它们还被认为能够探知地下水，并能通过挖掘获得浅层地下水，帮助附近的许多物种。一项通过无线电项圈观察纯自然环境下澳洲野狗的研究报告称，有些个体能坚持22天不去水源。同样，干旱地区的澳大利亚原住民显然已经能应对干旱脱水和夜间的极端寒冷，与处于相同条件下的欧洲人群相比，他们的症状要轻得多。[5]

游牧生活也是人类适应澳大利亚的一个重要特征。很明显，即便原住民可以通过火棒耕种（有意燃烧）、灌溉等策略来改变地区环境，吃尽、用尽一个地区的猎物和种植资源是完全可能的，因此游牧有时是必要选择。事实上，在现代澳大利亚合法饲养野狗的地区，饲养野狗的规定非常严格，这反映出野狗不想留在同一块区域，逃避圈养的强烈倾向。由于许多澳大利亚牧场主担心自由放养的野狗会攻击牲畜、宠物和儿童，如何防止野狗逃离，如何将其作为宠物饲养就显得尤为重要。

广泛的饮食，将沿海食物也囊括进来的食谱，似乎很好地帮助了第一批澳大利亚人。同样，澳洲野狗也会根据季节和地点的不同选择各种各样的猎物（包括鱼）和植物。尽管在特定地区，野狗可能会专注于某一种猎物，持续捕猎；但当它们来到其他地区，它们可能会利用一种截然不同的资源。野外野狗的机会主义饮食（"有什么，吃什么"）决定了它们一般单独或与一个同伴一起捕食较小的脊椎动物，而只有在大型动物数量充足时，野狗才会成群结队。

尽管具体情况因栖息地和文化群体而异，但澳洲野狗是澳大利亚原住民生活的组成部分。很久以前，澳大利亚原住民就常常将野狗幼崽抚养在自己的营地中。在殖民时代，正如简·巴姆和苏·奥康纳所指出的那样，澳洲野狗无处不在，而且几乎无一例外地与人类生活在一起；调查过往的人种学或历史学资料，我们很难找到不包括澳洲野狗的澳大利亚原住民营地或群落。野狗幼崽被当作宠物、伙伴、毯子，甚至是对抗人类或超自然生物的守护者。野狗幼崽被喂养，人们为它们除跳蚤，呵护它们，原住民妇女还用自己的乳汁哺育它们（一些听我演讲的西方国家的人对女性哺乳宠物或牲畜的想法感到震惊，但这在非工业化群落中并不少见，他们可以很随意地拿"用不了的"乳汁来滋养别的动物和人类）。相当值得注意的是，妇女往往将野狗幼崽抱在腰间，因为它们的小脚还无法长途跋涉或是站在陡峭崎岖的地方。与男性相比，人类女性似乎更常与野狗建立特殊关系，平均拥有的野狗数量是男性的三倍。这些行为都表明澳洲野狗相当适合人为栖息地。在一些地区，野狗传统上被用来驱赶猎物；而在其他场合，观察者发现它们并不具备多少狩猎的才能，吠叫常常会吓走大型猎物。巴姆和奥康纳据此假设，澳洲野狗经常陪伴在采集植物、贝类或狩猎小型猎物（如巨蜥、老鼠、蛇或负鼠）的女性身边。澳洲野狗的存在可能减少了寻找此类物种的时间，因为它们的嗅觉或听觉比人类更好。[6]

传统信仰中，人们相信野狗能够侦测到恶灵或鬼魂，并将它们视为妇女和儿童的保护者。在原住民的"梦境"传说（Dreaming lore）中，潜在的危险充斥于世界，无论这种危险的形式是有毒或致命的生物、陌生人，还是因违背常理而寻求报复的祖先。

澳洲野狗和澳大利亚原住民之间的密切联系在殖民时期和

　　　　　　　第一只狗：我们最古老的伙伴

近代都有详细记载。在此基础上，巴姆和奥康纳提出了一个可供检验的假设：野狗如今丰富的食谱，以及民族志和历史学证据表明，野狗进入人类社群、与营地中的人类女性形成密切联系，能帮助妇女更快地找到猎物，从而增加了妇女在食物供给中的贡献。如果事实果真如此，那随着时间的推移，我们应该能在考古遗迹中发现更多种类的中小型猎物，这些猎物在食物中的比例也应相应增加（代价也许是大型猎物的减少）。很少有考古遗址对全新世中晚期的时间跨度进行采样，并对其进行详细分析以检验这一假设，但那些勘探完毕的考古遗址确实符合巴姆和奥康纳所做的预测。更重要的是，在原住民的传统知识、歌舞会和唱词中，澳洲野狗的形象屡屡浮现。随着更多真相被揭示，原住民的"梦境"传说并非一成不变，而是随着时间的推移有所改变，有研究者认为，野狗出现后，它们逐渐承担了先前分配给有袋类袋狼的神话角色。有人认为，野狗在袋狼的灭绝中发挥了重要作用，袋狼在外观上很像狗，但口裂很大，背部和尾部都有绚丽条纹。许多神话认为野狗是人类的祖先，在"梦境"时代，它们教会了人类如何做人。在创世神话《伊林格亚利》中，部分片段便可翻译为"野狗妈妈和爸爸创造了原住民"[7]。

人类和野狗交替甚至同时成为祖先，这成为澳大利亚原住民信仰的基本前提。这种身份的双重性让许多欧洲人感到困惑，但它直接说明了野狗在澳大利亚原住民文化中的特殊地位。梅里尔·帕克（Merryl Parker）研究了澳洲野狗在澳大利亚原住民和白人神话中的双重角色。在澳大利亚原住民的神话和传统故事中，澳洲野狗不仅是人类的祖先，而且形态还可以自由地在人、狗间切换。

许多考古学家认为，以与埋葬人类相似的方式埋葬犬科动物清楚地表明了犬科动物在被驯化后的社会地位。澳洲野狗在过去（甚至是在现在）像人一样被埋葬。伊恩·卡希尔（Ian Cahir）和弗雷德·克拉克（Fred Clark）引用了居住在墨尔本东南部的塞缪尔·罗森（Samuel Rawson）的例子，罗森记录了他1839年是如何射杀一些伤害他家禽的野狗的，这些野狗（考虑到时间，可能是纯种野狗）属于布努荣族（Boonwurrungs）。罗森在他的日记中记录了这些狗的原住民主人的反应：他们以隆重的仪式埋葬了四足伙伴的尸体，用毯子和树皮包裹尸体，并在坟墓旁生火——之后他们举族离开了该流域。卡希尔和克拉克还引用了定居者威廉·托马斯（William Thomas）的记录，他描述了维多利亚时代的原住民是如何为他们的狗举行葬礼的："'黑人'有各种各样的葬仪（Ngar-gees或Corroberry），其中包括如何埋葬他们的狗。原住民很少为其他动物举行相似的葬礼，也不埋葬它们。"[8]

2010年，罗布·冈恩（Rob Gunn）及其同事描述了他们在阿纳姆地区调查岩石艺术时发现的野狗墓葬。它位于中央高原，那里有许多岩石洞穴，岩石艺术异常活跃。墓地所在的岩壁上有淡淡的白色绘画，上面画着跳舞的人，很多头饰被画在一只红色的袋鼠身上，四周则有蜂蜡图案。经考察，这只野狗死后不久就被用树皮布包裹起来，放在岩石洞穴内的高台上。骨架的骨头仍然连接在一起。几块被堆起来的石头使尸体免受打扰，三根部分燃烧的原木也被放在壁架上，这可能是为了保护包裹，也可能只是储存木柴以备将来使用。脊椎骨和肋骨的常规放射性碳测年表明，野狗有95.4%的可能性死于1680～1930年间。[9]

伽罗纹（Jarowyn）的人类墓葬也有许多相似特征，在他们的土地上同样发现了野狗墓葬，但长老们告诉冈恩和他的同事，埋葬野狗是不同寻常的：

> 在伽罗纹的文化中，给人下葬包括两个阶段：先把身体葬在树下，几个月后骨头脱水了再挖出来；然后用赭石给头骨和长骨染色，再用千层木包好，之后放进宗族领地内的石洞下……包好的骨头通常放在洞穴中的小裂口或是岩架上，四周有石头保护……随着时间推移，动物可能会破坏墓葬，到那时亲友或访客可能会把头骨放在岩架上显眼的地方，并面向他们的国家，作为纪念。[10]

澳洲野狗在当代伽罗纹神话中地位并不显要，但在阿纳姆地区族群的神话中却非常重要。

冈恩和同事在研究时还发现了伽罗纹国的另一个犬墓葬，位于第一个墓葬的南边大约40公里处，两者形制类似，树皮包裹的位置也差不多。因为尸骨无法从墓葬中转移，所以无法确定第二个墓葬中的动物是什么，暂时认为这可能是一只狗，也可能是澳洲野狗和狗的杂交后代。传统的放射性碳溯源法显示这一动物的死亡时间距今88±25年，与第一个墓葬中的犬类属于同一时期。一些当今较年长的伽罗纹人表示，埋葬澳洲野狗或狗的做法并不寻常，该墓葬可能是某个人对已故爱宠表达敬意的做法。澳洲野狗墓葬也出现在其他地区，包括南阿纳姆地、昆士兰、凯瑟琳以西的沃达曼乡村地区，以及靠近西部边界的奇普河（Keep River）地区。这些墓葬的出现有时与岩画和人类墓葬相关。犬类墓葬证实了澳洲野狗在传统澳大利亚人眼中位同神灵或超自然的形象。

澳洲野狗遗骸和其墓葬遗迹意味着不论是否被真正驯化，它们在到达澳大利亚之后不久就获得了与人类相近的地位。有趣的是，当真正的家犬在殖民时期抵澳后，它们几乎旋即被澳大利亚原住民占有——作为打猎助手和伙伴，它们十分抢手，地位颇高。但第一批澳大利亚人并没有狗也没有澳洲野狗。[11]

1960年，在弗洛姆登陆点（Fromm's Landing）发现了可追溯至3000年前的澳洲野狗骨架化石，推翻了学界"第一批澳洲野狗与第一批澳大利亚人一同抵澳"的普遍假定。梅里尔·帕克在研究中发现了原住民关于澳洲野狗的记载，其中提到了一种2000~2005年间北领地海岸（Northern Territory）的昆迪-朱敏都人（Kundi-Djumindu people）仍在举行的盛会；活动中，舞者们表现出澳洲野狗在船只甲板上兴奋奔跑、跃入水中、游向岸边的情状。在观看这种表演视频时，我个人认为舞者们的表演指向性很强，很容易辨认出是在模仿澳洲野狗。船上的人是从其他地方来的游客。问题来了：现在或者过去，是哪些游客带来了澳洲野狗？帕克、梅兰妮·菲利奥斯、保罗·塔康（Paul Taçon）在各自的研究中提出，可能是马卡桑人（Makassan people）在采集用来与中国人贸易的海参时带来了澳洲野狗，但是没有确切证据表明马卡桑人在公元前1500年以前就开始了前往澳大利亚的航行。[12]

帕克找到了50个已出版的关于澳洲野狗的传说，尽管这些记录在一定程度上经过了英语写作者的润色。很多欧洲人都觉得澳大利亚原住民的神话晦涩难懂，因为这些神话都短小精悍，需要读者有相关背景知识才能理解，而这正是欧洲人所缺乏的。所以，记录这些神话时，欧洲人会加一些注释。这些神话通常解释水或者怪异的石头从何而来。因此，关键问题是在澳大利亚只存在了几千年的澳洲野狗如何塑造这片土地、挖掘出河流，以及如何留下巨石标记幼崽的存在？——不过，在澳大利亚原住民的观念中，时间并不必然是线性的。顺着这一思路，罗兰·布雷克沃尔德（Roland Breckwold）提出，可能传说用澳洲野狗替换了袋狼，因为前者越来越常见，而后者逐渐稀少，最终灭绝。尽管传说不会随时间改变，但调整表述，用澳洲野狗替换袋狼，或者用狗替换澳洲野狗，是与原住民的认知完全相符的。[13]

达西·莫瑞以及其他在欧洲和美洲工作的学者认为犬类得以按人的规格下葬是表明它们地位与人相近的一个最毋庸置疑的标志。从大约14000年前开始，欧亚大陆就出现了大量狗（很可能是家犬）的墓葬，甚至还有可辨认的墓地。但是在大澳大利亚，澳洲野狗和人类之间的联盟关系直到晚近才以这种方式得以体现。尽管我说过人犬之间的合作对进入中欧、东欧和亚洲的现代人类是一大优势，因为他们还要与其他人类和亚非欧大陆上的动物竞争，而在澳大利亚，情况并非如此。人类和犬类并不同时存在（更没有共生关系），这种情形一直持续到人类登陆澳大利亚几千年后。在澳大利亚，犬类并没有像在欧亚大陆那样为人类生存竞争的胜利做出贡献。那么，第一批澳大利亚人是如何存活下来的呢？

第一批澳大利亚人确实有一些欧亚大陆的现代人类不具备的显著优势，其中一点就是他们不会遇到很多大型捕食者，也不会遇到其他人类。而且，相比欧亚大陆，大澳大利亚的捕食者群相对单一，而且体形较小，第一批澳大利亚人面临的竞争较小。他们抵澳时，大澳大利亚只有两种中大型有袋哺乳捕食者：袋狼和袋狮。不过，澳大利亚凶猛的爬行动物或禽类捕食者造成的潜在竞争不可忽视。还有一大优势在于，作为海洋民族的第一批澳大利亚人明白如何利用海洋食物资源，他们很可能以此作为饮食的基础，并以陆地资源作为补充。两者兼用显然非常可行。最终，陆地动物群很快就不敌第一批澳大利亚人，成为了后者的盘中餐。[14]

第一批澳大利亚人接触到的资源前所未见，这是关键。现代人类抵澳时，澳大利亚气温很高，很多地方或是沙漠地带，或是季节性干旱区，而且他们对该地生活着的动物也很陌生；这里的植物也是未知的，若是不经加工，有些还有毒性；降雨和水流也难以预判——动物、植物，还有这片土地本身都超出了第一批澳大利亚人的认知范畴。人类对于非洲、南亚、黎凡特动植物的深刻了解让他们在那些区域得以存活，而这些知识在大澳大利亚鲜有用处。我猜测，澳大利亚人很重视这种知识的收集——学界也有一些人持这一观点。这种知识的重要性也体现在早期符号和艺术品的发展中——它们通过一系列联系传递新生态系统的重要信息。从某种程度上说，这些符号和艺术品无法进行准确的年份追溯。澳大利亚原住民还发展出了一个由歌曲、口头传统、象征性图画和舞蹈组成的系统，用以记载这些珍贵的知识（以及很多其他信息），从而使这些知识得以千年传承。对于没有文字的人们来说，这一系统是记录和存储信息的重要方式。[15]

通过分析21个沿海澳大利亚原住民族群的口头传统，帕特里克·纳恩（Patrick Nunn）和尼古拉斯·里德（Nicholas Reid）提出从前发生在澳大利亚海湾的洪水泛滥已经在人们的记忆中流传了至少7000年——时间之久令人震惊，这比很多之前民俗学家提出的时间还要久远。印尼岩画，非洲遗址上赭石的使用以及贝壳、蛋壳、骨头或牙齿制成的物件和饰物的制作与穿戴，都比最早的澳大利亚考古遗址历史更久远。符号和个人饰品的使用都被视作现代认知能力的迹象。尽管口头传统的年份比岩画更难追溯，但一些重要的迹象证明这些传统历史悠久。这些在关键时刻生死攸关的信息被奇迹般地保存下来，年代之久远大大超出多数口述历史学家的预期。[16]

纳恩和里德强调，记忆和知识最有可能在以下三种情况中得到保存和流传。第一，知识所在的文化相对闭塞，不与外界接触。第二，人们认为这种知识对于生存至关重要，从而将其通过某些成体系的方法高效地传授给下一代，并且有一部分人对此负责。学习和传授类似于沿海居民记忆中洪水泛滥这样的故事是未婚男性的任务，而且他们的表现会受到未来岳母的审视；如果男性不擅长教这种重要知识，哪怕女孩已经许配给他了，家长也会拒绝婚约，所以失败的代价很大。第三，这种知识与当地环境有关，在传统澳大利亚原住民文化中尤是。此外，我想加上第四点：如果知识的传播媒介多样，比如口述、故事、歌曲、舞蹈、艺术等，就更有可能在人们的记忆中长久存留。

复杂的记忆系统、知识，以及利用澳大利亚特有资源时的必需信息表明了获取和保存知识对第一批澳大利亚人来说一定非常关键。新知识的收集、编码、分享对他们的生存至关重要，并且这些知识在今天仍然是口口相传的常理。

人种学证据显示，"梦境"传说并不是固定的，而是一直随着记述者的认知进步而演变的。澳洲野狗在很多教导道德观念和行为的传统故事中出现。对不识字的人来说，"梦境"传说也记载和保存了大澳大利亚特有的重要新信息——比如临时和永久水源的位置，哪些菜蔬可以吃，哪些需要处理后再吃，某些食物在什么时间什么地点可以找到，以及去哪里打猎。[17]

对第一批澳大利亚人来说，要深化对植物的了解，就要掌握纵火的时机和强度，从而使大火促进不同植物的再生，并建立起吸引不同动物的生态圈。我们无法确定这些做法出现的具体时间，而且在已经确定年代的花粉样本中所发现的木炭也不足以给出确切的答案。但是澳大利亚原住民一直活到了首批欧洲人抵澳——事实上，还活到了今天——这证明他们成功地适应了这片新大陆上的新环境。

与首批欧洲居民不同，第一批澳大利亚人没有来自"大本营"的船只殷切送上生存物资，也没有牛、羊、种子等可以用以在广袤农区务农的储备资源。他们的存活得益于对生态环境和可利用资源的精确评估以及相关知识的传承，而非祖国的周到支持。而闯入其领地的欧洲人不仅没有几千年来澳大利亚原住民总结出的生活知识，也没有保存和分享已有知识的系统方法。

最新技术显示，澳大利亚大陆的袋獾和袋狼都在距今3179～3227年前灭绝，该区间跨度较小，可以认定为两者同时灭绝。而且，在此前不久，也就是距今3543年前，出现了澳洲野狗在澳大利亚大陆上的最早记载。[18]

考虑到澳洲野狗和袋狼在形态学上的相似性，胎生澳洲野狗的到来无疑与袋狼构成了竞争。外来物种（比如澳洲野狗）很可能给本地生态系统中与之角色最为相似的物种（比如袋狼）造成压力。要想知道两者相遇后结果如何，一个重要的参考就是哪一方通常在直接较量中——比如窃取对方猎杀的动物——占上风。胜负通常和体形大小有关，不过在体形相似时，单枪匹马的捕食者常常逊色于群体出动的对手。梅兰妮·菲利奥斯、马修·克劳

第一只狗：我们最古老的伙伴

瑟（Matthew Crowther）和迈克尔·莱特尼克（Michael Letnic）对袋狼和澳洲野狗的体形进行了细致研究，以此评估两者之间的竞争程度。他们发现塔斯马尼亚的雄性袋狼比澳洲野狗体形更大，但是大陆的雄性袋狼却和澳洲野狗体形相当；两地的雌性袋狼则都明显小于澳洲野狗。在狩猎习惯方面，澳洲野狗以家庭为单位居住和狩猎，根据现有的文献，这一习性在袋狼中相对不常见。此外，相比于袋狼，澳洲野狗的脑体积占身体的比例更高，新陈代谢速度更快，这意味着它们需要更多的食物来维持生命。菲利奥斯和同事们称，澳洲野狗比袋狼"更聪明且更饥饿"。因而，这些学者认为，在澳大利亚大陆，澳洲野狗们很可能在与袋狼的较量中占了上风。澳洲野狗们对体形较小的雌袋狼的针对性捕杀很可能也冲击了袋狼种群的繁殖力，从而加速了它们的灭绝。澳洲野狗从未到过塔斯马尼亚，这或许解释了为何塔斯马尼亚的雄性袋狼体形更大，以及为何袋狼能在此地存活更久。这一解释很有意思，但一定程度上还是主观推测。[19]

菲利奥斯和同事在另一篇论文中提到某些考古遗址保留了澳洲野狗出现前人类捕猎对象的信息；这些遗址表明，随着时间推移，人类转而将体形较小的动物作为捕猎目标。这很可能反映了在澳洲野狗出现后，较大型的猎物愈加稀缺。[20]

我们认为，澳洲野狗进入澳大利亚时，可能仍未被驯化或未被完全驯化，但对人类和人类的居处有一定的包容性。澳洲野狗抵澳时，人类已经适应了这片新大陆和当地的各种挑战。第一批澳大利亚人已经存活了下来，发明了一些新的工具和体系用以繁衍生息，还将其领地扩大到了不同的生态系统。人类不需要犬类来辅助打猎，澳洲野狗也不需要人类来提高打猎效率。事实上，澳洲野狗进入后，生态系统中对于大型猎物的竞争反而加剧了。劳卡斯·康恩古罗斯（Loukas Koungoulos）和菲利奥斯对人种志进行详细研究后发现，澳洲野狗有时被用来猎捕袋鼠、鸸鹋等较大的猎物，将它们赶入坑中、网中，或是便于人类隐蔽、等候、猎杀的植被茂密之处。如果澳洲野狗和祖先们在抵澳之前就已被驯化，那在抵澳之后不久，它们可能确实是野化了，或者失去了一些驯化特征，并对澳大利亚生态系统产生了显著影响。[21]

通过观察殖民时期其他被引入澳大利亚的胎生哺乳动物，也可以研究澳大利亚新来物种的适应。欧洲人带来了不少动物，最常见的有马（现已野化为布朗比马）、牛、羊、骆驼、猫、狐狸、兔子等。品种繁多的马匹随着1788年第一舰队上的居民和罪犯一同抵澳，被用来拉犁、运输、赶牲口。布朗比马适应力强、步伐稳健，能很好地适应澳大利亚内陆的生活。它们在没有天敌且条件适宜的环境中迅速繁殖，食草，与牛羊存在竞争关系。在苔藓沼泽这样的地方，它们坚硬的蹄子会压紧并损坏土壤，而且有可能破坏沿河栖息地。澳大利亚存在对布朗比马的刻意宰杀，但该行为争议较大。

牛羊，尤其是能很好适应干燥条件的品种，作为家畜被引入澳大利亚。它们被关在大型牧场中自由觅食，最后被围剿。有证据表明澳洲野狗的存在对家畜有利，因为澳洲野狗协助猎杀袋鼠和鸸鹋——这两种动物也食草，与羊构成竞争关系。澳洲野狗虽然不是澳大利亚本土物种，但似乎与和羊争夺草料的外来或本土动物存在互动，甚至对后面两者产生约束。[22]

家养和野生欧洲兔都随第一舰队和后来的移民一同抵澳，被用于狩猎活动。这些兔子被大量培育，最终泛滥成灾，先后于

1827年和1866年分别侵扰塔斯马尼亚和澳大利亚大陆，破坏庄稼。人们尝试了各种方法控制兔子数量，包括射杀、毒杀、刻意引进兔黏液瘤病和其他致命兔疾、1907年在西澳建立防兔围栏、用雪貂猎兔等，但都没有解决问题。

单峰骆驼从英属印度和阿富汗引入澳大利亚，用于沙漠运输和澳大利亚干燥内陆区——尤其是中西部和北领地——的货物运输。骆驼和骆驼驯兽员专门从印度引入，用于各种探险活动，包括探险家伯克（Burke）和威尔斯（Wills）的探险。放生后自力更生时，骆驼在澳大利亚生存得不错；野化骆驼估计已超过100万。在某些地区，骆驼受干旱和林火影响破坏了篱笆、花园和水源，因而当地已出动直升机射杀骆驼以控制其数量。

和狗一样，猫也是在殖民时期被当作宠物带入澳大利亚的。如今数百万猫已经野化，自由漫步在这片土地上。学界认为猫导致了很多体形较小的澳大利亚有袋物种灭绝，消灭野猫的努力仍在继续。类似的，另一种被引入的捕食者红狐也同样对小型有袋动物造成了毁灭性的打击。人们引入红狐是为了在澳大利亚和塔斯马尼亚进行猎狐活动，不过在塔斯马尼亚，红狐并没有存活下来，也就没有形成可自我维持的野化红狐种群。有观点认为袋獾构成的竞争导致了塔斯马尼亚的狐狸数量减少。为控制狐狸数量，澳大利亚方舟（Aussie Ark）、全球野生动物保护组织（Global Wildlife Conservation）和自然方舟（WildArk）因而将26只袋獾放入了保护区。如果它们能很好地存活并避开致死率高的传染性面部肿瘤疾病，研究人员后续会放入更多袋獾，从而在澳大利亚重新确立自然界制衡者的角色。狐狸大量出没于澳大利亚大部分地区，毒杀和猎杀是主要控制方法。越来越多的证据表明，澳洲野狗有助于限制猫和狐狸种群规模，但不能完全控制二者。[23]

本章简短综述了澳大利亚胎生动物的影响，总结起来就是：因为竞争或直接捕食，这些动物通常对当地动物有害。澳大利亚动物群完美适应了当地独特且艰难的环境，但是该地本土捕食者很少，而且总的来说物种密度比其他大陆更低。

不一样的故事

　　当第一批澳大利亚人不知不觉地登上大澳大利亚的土地，其他现代人类正向北或向东迁移，穿过中国、蒙古、俄罗斯，并最终到达美洲。登陆欧亚大陆的现代人类面临着远古人类和更密集、更多样化的掠食者群体，他们不得不与之竞争。数千年后，人类才登上最后一块大陆——美洲，而在此之前他们必须先适应冰河时代欧亚大陆的寒冷气候。

　　位于西伯利亚的亚纳犀牛角遗址（Yana Rhinoceros Horn site）能为现代人类如何进入远北地区提供重要信息。人类大约在33000年前生活在那里。该遗址出土了许多石器和一系列令人惊叹的动物遗骸，这些遗骸被人类加工过，包括嵌有石器碎片的猛犸象骨头；用象牙制成并雕刻有几何图案或拟人图案的器皿；用骨头、牙齿和象牙制成的珠子、针和锥子，以及大型动物的遗骸，它们有被加工食用的痕迹。这真是令人不可思议，因为大多数遗址都不会保留那么多完好无损的材料。这些工具采用巧妙的双面雕刻，其制造质量即便在后来的克洛维斯工具中都是典范。这些奇妙的手工艺品展示了搬入白令陆桥的人们的技能、神话，或许还有萨满教信仰，白令陆桥连接着现在的东北亚和美洲大陆西北部。这些人的后代也许是通过了一条无冰走廊，继续向南迁移，或是学会了在沿海生存，沿着"海藻公路"向南前进。但无论如何，研究证明亚纳犀牛角遗址的人们完全适应了西伯利亚和极北地区的严酷环境，也学会了运用冰河时代的动植物资源。但海量信息仍无法告诉我们，亚纳犀牛角遗址的人类究竟来自何处以及他们何时进入美洲。[1]

人类第三次大陆扩张——进入美洲——在时间上比向欧亚大陆或澳大利亚的迁徙要晚得多。目前的证据表明，大约21000年前，来自西伯利亚的一批现代人类跨过陆桥，进入了白令地区。许多学者认为，这批人类在白令地区停留了数千年之久，即"白令纪停滞期"（Beringian standstill）。这批人类在基因上不同于第二批从西伯利亚迁来的移民，后者绕过了他们继续前行。（白令陆桥的一个重要居民可能是灰狼。）后来，第二批移民中的一些人从白令地区迁移到美洲南部，并最终构成了后来的美洲原住民。最近的基因研究很大程度上证明了上述假设，即进入美洲的人类在基因上可分为两大群体，其中一群与生活在美洲、同欧洲人接触的原住民有关，另一群显然留在了白令地区，大部分已灭绝。与第一批澳大利亚人一样，关于人类如何首先到达美洲并随后遍及整个美洲大陆，专家很难达成统一。[2]

当我还是一名研究生时，"克洛维斯为首"（即"克洛维斯人是首批出现在北美的人"）理论盛行。该理论假设，现代人类大约在13500年前发现了白令陆路，沿着科迪勒拉冰原和劳伦泰德冰原之间的无冰走廊向南进入北美，沿途留下了风格独特的工具。而印证这一假设的，正是在新墨西哥州的克洛维斯发现的重要遗址，其中藏有独特方式制造的大型工具，还有死去的猛犸象、乳齿象和其他大型猎物，这个人种和文化因此而得名。多年来，确定的遗址中没有比克洛维斯遗址更古老的，也没有发现任何与之不同或年代更早的工具。人们相信"克洛维斯为首"理论，即便出土工具华丽异常。它们有时在似乎是特殊藏匿处的地方被发现，或者与人类对猛犸象和乳齿象——体形巨大的动物——的狩猎活动相关。声称发现了早于克洛维斯遗址的考古学家经常受到严厉批评，他们的说法常遭到根深蒂固的怀疑。当时，作为一个对石器技术知之甚少的学生，我仍不免怀疑我的前辈过于教条与绝对，尽管我没有证据支持这种怀疑。如果像法令一样规定任何遗址的历史都不可能超过12500年，那么在我看来，即使存在这样的地点，也不会被发现，因为没有人甘愿去寻找更古老的沉积物。

直到1997年，"克洛维斯为首"范式仍支配着美国考古学界，其支配力度（和后果）都不应被低估。而随着研究者以前所未有的力度造访藏有关键文物的地点——勘察智利和蒙特贝尔德（Monte Verde）的遗址现场——这种范式崩溃了。蒙特贝尔德遗址是由范德比尔特大学的汤姆·迪勒海（Tom Dillehay）及其同事挖掘勘探了数十年的遗址。这个遗址有保存完好的石器、骨头、兽皮、壁炉和植物遗骸。参与到这次遗址勘察的则是一群德高望重，在古印第安遗址和文化等诸多方面具有研究专长的学者。勘探伊始，该研究小组的观点并不统一，一些组员持有"克洛维斯为首"的观点，而另一些人则没有。专家组花了一周时间，仔细查看了手工制品、数据与遗址现场，他们的观点发生了变化。蒙特贝尔德1号遗址（Monte Verde I site）的主要区域被一致判定为考古起点，其年代被确定为距今14500年前。一个可追溯到距今33000年的次要考古层被认为尚不明确。该专家组发表在《美国文物》杂志上的报告令人瞩目，专家得出结论：

> 蒙特贝尔德遗址对我们了解美洲人民有着深远的影响。鉴于该遗址位于白令陆桥以南约16000公里处，人类在新大陆的迁徙历史也许与"克洛维斯为首"假设完全不同，该遗址还掷出些有关早期人类如何适应美洲大陆的有趣问题。[3]

换句话说，这次遗址勘察可谓是一场公开处刑：专家组成员都德高望重，且在勘探前持怀疑态度，但在评估遗址现场、景观、人工制品和证据后，推翻了"克洛维斯为首"范式。而早于克洛维斯的遗址被发现并被广泛接受——精细挖掘、先进技术和谨慎解释造就了这一结果——也意味着新世界的人口迁徙必须被重新考察。颇具讽刺意味的是，"克洛维斯为首"范式被一个几乎位于美洲最南端的遗址打破了，而任何人都可以去亲身考察这个遗址。[4]

传统理论认为，人类是通过一条无冰走廊进入美洲的，这条走廊从远东西伯利亚开始，穿过裸露的白令地区，向南进入美洲北部——先决条件是这条路线不被劳伦泰德冰川和科迪勒拉冰川融水所阻挡。而包括乔恩·厄兰德森（Jon Erlandson）、露丝·格伦（Ruth Gruhn）和克努特·弗莱马克（Knut Fladmark）在内的几位考古学家提出，人们从西伯利亚迁到美洲是沿着一条通常被称为"海藻公路"的沿海路线行进的，这条沿海路线富含鱼类、贝类和海洋哺乳动物等资源。厄兰德森写道："我认为'前克洛维斯人'遗址的稀缺性非常重要——这表明我们的记录可能遗漏了一个重要部分。在某些地区，早期遗址稀缺，也许是因为该地区人口少且流动性强，但后冰河期海平面上升和大陆架大片地区被淹没也是一个主要原因。"他认为，支持新假设的遗址不多是因为在末次盛冰期（大约26500～19000年前）气温升高导致海平面上升数米，进而淹没了白令海峡沿岸许多遗址。大多数遗址都在水下，考察人类乘船迁移到美洲大陆的时间和细节就变得格外困难，这里的困难和调查早期现代人到达大澳大利亚的路线别无二致。在这两种情况下，能支持该假设的逻辑都建立在沿海资源的可靠性，以及一旦掌握了造船、造绳和导航后，长途迁徙的便利性上。[5]

关键问题仍然在于有力实证的缺乏。能揭示人类到达美洲的遗址甚少，是因为它们都沉没在水下吗？还是因为考古学家们不得其时且找错了地方？

有些人认为，在极寒的末次盛冰期（冰河时代），南白令陆桥是古代北西伯利亚人的避难所。大约16000年前气候开始变暖，在那之前，人类可能在南白令陆桥生活了几千年——他们被冰川隔绝，无法南进。这段隔绝期（20000～16000年前）屏蔽了外界的基因流入，并且给一些美洲本土新型单倍型（在亚洲尚未发现）的发展提供了机会。[6] 到大约15000年前，气候缓和、冰川退化，土地露出更多，人类得以进入美洲。这一"白令纪停滞"假说的基础是在美洲原住民基因中发现的四个主要和三个次要的线粒体DNA（mtDNA）单倍型。在某个时候，原始种群分成了两个基因群——北方种群（较为原始）和南方种群（含有古代和当今美洲原住民的全部基因）。基因研究中发现的单倍型总数寥寥，这意味着美洲原住民祖先的数量一开始就不多。

2013年，西阿拉斯加"太阳向上升起"（Upward Rising Sun）遗址中的发现给相关问题提供了一些解释。该遗址可追溯至11500年前，这一年份信息意味着该遗址中可能存在一些"白令纪停滞"时期的幸存者，以及首批进入北美（冰川南部）的一些人。"太阳向上升起"挖掘出了两具婴儿遗骸（分别标记为URS1和URS2），相关样本显示两者皆为女婴，一个六周大，另一个是足月的胎儿。两具尸体都涂抹了红色赭石，被刻意合葬在一个圆形的壁炉或深坑中，并有鹿角和骨器随葬。发现这两具遗骸的是费尔班克斯阿拉斯加大学的本·波特（Ben Potter）。相比于足月胎儿，波特团队在六周大的女婴身上得到的完整基因材料更多。尽管两个女婴以某种仪式合葬，但两者并非亲姐妹：她们的线粒体DNA截然不同，因而两者并不来自同一个母亲。所有现代美洲原住民基因从几个主要的单倍型发展而来，这两个女婴各自带有的正是其中两种。较大女婴的线粒体DNA比较原始，来自北方的美洲原住民。[7]

人类栖居美洲的故事仍是一团乱麻。一些白令陆桥人迁回西伯利亚，成为了古西伯利亚人，还有一些向东迁徙进入北美，成为首批美洲人。首批美洲人化石遗骸出土不多，而已出土的那些给出的信息错综复杂、令人费解。目前已知较早的人类遗骸有：肯纳威克人（Kennewick Man），距今9000年；圣罗莎妇女（Santa Rosa Woman），距今约13000年，其股骨出土于南加利福尼亚附近的圣罗莎岛；安兹克男孩（Anzick Boy），距今12556～12707年，其墓葬位于蒙大拿州，含百余石器和鹿角。尽管后来的人与犬科动物有关系，但这些最早的美洲人无一与犬类相关。他们把狗都留下了吗？为什么？这很难说。

2020年末，安德斯·裴斯泰洛（Anders Bergström）及其团队发表了一篇论文，主题为史前狗和它们隐含的人犬迁徙信息。该团队给来自欧洲、近东、北美、大澳大利亚、亚洲的27只狗（年份距今100～大约11000年不等）进行基因测序，从而研究这些狗彼此之间以及它们和相关人类种群的联系。该研究证实：所有被驯化的狗都带有古代狼的基因，但只带有少量现代狼的基因。11000年前，五大狗系形成，这种分化显示了狗早期品种的多样性，并非零散无序。五大狗系分别是：黎凡特狗（相关基因也见于非洲狗）；欧洲远北地区（卡累利阿）的狗（分布于芬兰、俄罗斯、瑞典）；西伯利亚贝加尔湖地区的中石器时代狗；古代美洲狗；新几内亚歌唱犬和澳洲野狗（这两种与纯种东南亚狗亲缘关系最近）。该团队将这些狗的基因型和17组与之年份、地理位置、文化背景相似的人类的基因型数据联合分析，直接比较人、狗在基因上的关系。[8]

该团队发现，在某些基因上，狗和人的进化能彼此照应，但在某些基因上，两者又互相矛盾。比如，在农业出现后，很多狗体内促进淀粉消化的AMY2B基因数量增加，这反映了人类给狗提供的饲料的变化。同时，人类促进淀粉消化的AMY1基因也有所增加，不过该基因的增加与农业并不明显相关。狼、澳洲野狗、新几内亚歌唱犬（包括新发现的高地种群）一直以来只拥有两个AMY2B基因。但是，另一种来自远北的狗——卡累利阿熊犬（距今约8500～9600年）已经拥有了4个AMY2B基因，所以这种狗可能在农业普及之前就适应了淀粉消化。[9]

向北进发

　　一些人沿白令陆桥向南迁移到美洲，而另一些人则带着狗继续向北迁移到西伯利亚，这些狗扮演着非常特殊的角色，人们可能有意地饲养它们，供其繁殖。而这些北极犬也确实很特别，有些专业技能在早期的美国犬身上鲜少看到。

　　在亚纳犀牛角遗址，我们看到了人类祖先"狩猎 - 采集 - 打鱼"三合一的生活方式，而狗的故事还写就于极北地区，事关人与狗是如何适应今属俄罗斯的外贝加尔湖地区（贝加尔湖以东）和内贝加尔湖地区（贝加尔湖以西）的。尽管考古学家在外贝加尔湖地区做了大量工作，但这些报告往往停留在当地出版物上，很少被英语使用者了解。阿尔伯塔大学的罗伯特·洛西（Robert Losey）及其同事已在这一地区工作多年，并开始总结整合材料，以使研究成果为更多研究者所知。他们得到了颇具影响力的结论。[1]

　　内贝加尔湖地区目前发现两个犬科动物墓葬，均与大型人类墓地相关。萨满岩二号（Shamanka Ⅱ）墓地中包括96个坟墓，共有154具人类遗骸。一些坟墓还存在犬科动物的遗骸，其中最古老的遗骸距今已有近8000年。据遗骸显示，这些狗的体形与西伯利亚雪橇犬或松狮犬差不多：肩高约60厘米。几只狗有伤口愈合的迹象，这表明受伤的狗受到了人类的照顾——受伤的原因也许是货物运输的劳顿、偶发的意外或人类的惩罚。这些墓葬能证明，很久之前，该地区犬科动物便与人类发生接触。

尽管人类的墓葬里发现了狗的遗骸，但尚未发现单独埋葬狗的墓葬。在萨满岩二号墓地中，一只狗和五个人埋在一起，但人类遗骸有可能是后来添加的（坟墓有被重复使用的先例）。这只狗似乎是这个坟墓中的第一具尸体，它生前遭受过肋骨骨折和椎骨创伤，这可能与背负重物或人为惩罚有关。

另一个类似的墓地，火车头墓地（Lokomotiv）埋葬着许多以"狩猎 - 采集 - 打鱼"为生的人。在这些墓地和内贝加尔湖地区的其他墓地中，对待犬科动物遗骸的方式各异，但个别情况下，犬科动物的陪葬品与人类的陪葬品相当。这些陪葬品包括个人装饰，如用动物牙齿制成的"珠宝"（在牙齿上钻孔，可以作为项链或装饰品悬挂起来），用鹿角、石头或骨头制成的家居用品等。有时，遗体周围会撒上赭石，带有细骨针的针盒也会出现在坟墓中。骨针是极珍贵、极特殊的物品，没有它就无法用兽皮缝制衣服，有时还用空心鸟骨制成的针套加以保护。有些坟墓没有陪葬品，而有些坟墓却有多达300件物品。一般来说，坟墓里可能有一具、两具、三具或四到八具男人、女人和儿童的骸骨。然而，大约1/4的人类遗骸被埋葬时没有头盖骨、下巴和若干块上椎骨。头盖骨部分似乎在埋葬前被故意移除，但并没有在其他地方找到。[2]

其中一处墓穴尤为罕见——一匹年迈的大公狼被完整地、单独地埋在里面！这匹狼在生前一定无比引人注目。火车头墓地里的公狼耐人寻味，因为完整的狼的遗骸很少出现在墓穴里。这具遗骸的头盖骨保存完好，埋在一个椭圆形的坑中，整具骸骨头部朝南，腿略微弯曲。尤其引人注目的是，在它的胸腔及两腿之间是成年男性的头盖骨、下颌骨和前两块椎骨。在该墓地安葬的124人中，没有发现其他孤立的人类头盖骨，因此这块头盖骨似乎是与公狼同时被埋葬的。经放射性碳年代测定，这匹公狼距今约有7320（±70）或7230（±40）年。狼两腿之间的人类头盖骨也许是想表达，狼可以在来世保护人类，但这个推测还没有办法证实或证伪；也有可能墓穴中埋葬的人和狼在一次事件中同时死亡，但死因尚不明确。在狼墓附近发现了一块人类下颌骨、一块腓骨和几块散落的肋骨碎片和手骨，但这些骨骼出自另一个人。在这个时代的西伯利亚墓地中，重复使用坟墓是很常见的，因此这些随机出现的骨头也许来自更早的墓葬。因为坟墓被重复使用，而且早期坟墓中的遗骸经常不经意地与后来的混合在一起，所以无法确定任何犬类墓葬是否真的符合安吉拉·佩里（Angela Perri）比较多个大型犬科墓地后发展起来的类型学标准，即"单一、孤立"的墓葬。在许多方面，埋葬狗的方式确实与同一个墓地中埋葬人类的方式相似。[3]

火车头墓地里发现的公狼显得威风凛凛：它体形硕大，头骨长266毫米，来自萨满岩墓地的狗相形见绌，头骨长仅为216毫米。它的肩高约为74～79厘米，也远大于高约59～62厘米的萨满岩狗。这匹狼已经完全成年，牙齿明显磨损，其中几颗在生前已经脱落或裂开。墓穴里全是骨头。据估计，这匹狼的死亡年龄应超过9岁，因此它的寿命是大多数野狼的两倍。在遗传学上，它的线粒体单倍型与之前公布的任何狼的单倍型都不匹配，但与亚洲和欧亚狼的线粒体DNA（mtDNA）非常相似。对狼骨骼中稳定同位素的分析表明，它主要以鹿、麋鹿和其他野生有蹄类动物为食，这与埋在火车头墓地的人类和萨满岩墓地的狗并不一致，他们往往以鱼类和其他水生动物为食。因此，除了陪葬品和人类头盖骨外，没有迹象表明火车头墓地中的公狼曾与人类生活过或密切相关。那为什么要埋葬这匹狼？我们不知道。但不难想象，这样一匹又大又老的狼因其狩猎技巧而受到钦佩，会在当地享有赫赫威名。

一般来说，狼并不总是那么受人尊敬。在霍图诺克（Khotunok）有一个大致相仿的坟墓，里面有些骨头在基因上与俄罗斯狼相匹配，但这些骨头以碎片形式出现，不是一具完整的骨架。

内贝加尔湖墓地出土的犬科动物头盖骨，有些是完整的，有些则是部分或碎片。根据骨骼推测，它们中的大多数体形远不及火车头墓地里的公狼，与现代西伯利亚的哈士奇犬或萨满岩地区的狗体形相仿。其中一个坟墓出土了包括犬科头盖骨在内的一组骨骼碎片，该头盖骨的最大长度较短，但它是一只幼犬。它的头盖骨被刺破，骨盆受伤，死前两者都已部分愈合，这能证明这只幼犬受到了人类的照顾。这些狗在遗传特征上被归为进化枝I/A型（见《第一只狗来自何方？》）。

从民族志和宇宙观出发，北方原住民相信，除了人类，强大的动物、景观、植物和其他生物也拥有灵魂。而在死亡时合宜、充满尊重地对待有灵魂的生灵与事物，则可以确保灵魂良好地循环往复，回到新的人类中；而虐待则有可能延迟或破坏这种循环往复。伊瓦尔·保尔森（Ivar Paulsen）表示，在那些遗骸被保存下来的动物中，熊的身影最为突出，而头盖骨通常被用来代表整个动物或物种。对待尸体，人们可能将其埋葬在地下（在拉普兰地区常见）、放置在高台或树上（在西伯利亚地区常见），抑或采取第三种埋葬方式，将尸体简单地平放在地上，寻找东西将其覆盖（有时也不覆盖）。而水生物种则被放置在水中来"掩埋"。在大约8000～6800年前或更晚，贝加尔湖地区的人类祖先往往将人和犬科动物埋在地下，并不举行葬礼。而大约在5000年前，人类葬礼恢复了，而狗的葬礼则没有。大约3400年前，牧民带着他们的绵羊、山羊、牛和马迁入该地区。狗不再被埋葬是因为狗不再适合打猎了吗？还是仅仅因为文化差异？

大湖对岸的外贝加尔湖墓地情况大致相同，却也存在有趣的差异。外贝加尔湖地区非常辽阔，总的来说，它所涵盖的区域比欧洲任何一个国家都要大。它的南部边界与蒙古和中国接壤，北部边界则位于巴托姆斯克高地（Patomskoe Highland）和北贝加尔高原的边缘，这是一片覆盖着针叶林草原的山区，而西部则以湖为界。

贝加尔湖地区的墓地及其出土物表明了以下几点。第一，狗通常与人生活在一起，并且至少在某些情况下，狗受到了精心埋葬。但是，狗被单独埋葬的情况仍然没有发生。第二，在贝加尔湖地区，人类生存既依赖狩猎，也依赖水生资源。他们的遗骸显示，人类与狗的日常饮食相似，这暗示狗是被喂养的，而火车头墓地的公狼则主要以陆生猎物为食，鲜少捕杀水生猎物，这与当地人明显不同。显然，从饮食习惯出发，狼和狗不再是同一种动物。第三，生活在内贝加尔湖地区或外贝加尔湖地区的人类葬仪较从前发生了变化。变化的原因要么是在约8000年前有新的人类迁入该地区，带来了全新的葬礼仪式；要么是这些仪式发生了演变或墓地位置发生了变动。又过去几千年，情况再次改变，人和狗都不再被埋葬。最后，在3400年前，人类牧民带着新的葬仪传统迁入该地区。在最后这段时期，狗似乎不再与人类进行日常、亲密的互动，可能是因为人类的狩猎、打鱼活动不再如此频繁；与此同时，狗也不再像人类一样被埋葬。在贝加尔湖遗址中可以看到，对待狗的方式非常依赖于它们与人类的互动关系以及人类对来世的看法。

一些无与伦比的考古遗址总能让人们得窥来世的景象，位于西伯利亚东北部佐霍夫岛的遗址便是如此。岛上遍布迷人的遗迹，但对于和祖先相关的众多问题却基本没有给出明确的答案。在这里，狗似乎又一次在人类生存中发挥了至关重要的作用。佐霍夫岛遗址是已知最北端的遗址之一，考古显示人类曾长居于此且有不同寻常的生存策略。佐霍夫岛曾经是一个大型沿海低地的一部分，该低地变化为今天的新西伯利亚群岛地区。佐霍夫岛上的遗址大约距今有8000～9500年。1998～1999年，来自圣彼得堡俄罗斯科学院的弗拉基米尔·佩特科（Vladimir Pitulko）及其团队开始在佐霍夫岛进行挖掘，并于2000～2012年间，同美国西伯利亚文化专家埃德蒙·卡朋特（Edmund Carpenter）和来自史密森尼学会的科学家一道，进行跨学科方面的合作与研究。[4]

研究团队在该地区发现了近25000个化石标本（主要是驯鹿和北极熊的遗骸）和19000个岩屑标本。许多工具都是用距离1500公里外的黑曜石制成的。这意味着在北极高海拔地区的极恶劣环境下，仍然存在长距离的贸易网络。超过300件物品由鹿角、猛犸象牙和骨头制成，大约1000件物品则由木头制成，还有一些编织和桦树皮工艺品。高纬度的极寒环境有利于文物保存，因此，易腐烂的文物幸得保存。

从这些丰富的证据中，佩特科和团队推断，佐霍夫人会在冬天寻找北极熊的巢穴（基本上是雪洞），利用冬眠来猎杀它们。佩特科极完美地重构了佐霍夫人猎杀北极熊的全过程：狗借助气味，帮助人类找到北极熊的巢穴——有些是熊的母巢，有些巢穴则只用来冬眠；随后，人类用雪封闭入口，并用狗来吓唬成年北极熊，受惊的熊会钻入巢穴，并尝试冲破巢穴顶部钻出来；如果积雪足够深，熊无法立即从顶部爬出，狂吠的狗会令熊挖一个小洞，将头探出来检查是否有危险；最后一步，便是蓄势待发的猎人从远处用长矛或箭射向熊的头部，将其杀死，这体现在北极熊遗骸上明显的颅骨损伤。如果有幼熊的话，它们会被困在洞穴里，更轻易地被猎杀。北极熊体形巨大，直接狩猎往往会令猎人和狗受伤，想要顺利猎捕，必须令强大而敏捷的北极熊受到巢穴的限制，从而无法自由移动。

驯鹿有迁徙习性，且冬季数量较少，北极熊因而成为了非常重要的替补猎物。然而，猎北极熊是公认的难题。春季，佐霍夫人倾向于猎驯鹿，尤其是一岁的幼驯鹿，因为它们的体形与成年驯鹿相当，但肉质更柔嫩可口。秋天是驯鹿猎杀旺季，因为此时它们体内已经储存好了过冬的脂肪。统计遗骸后发现，在猎物数量上，驯鹿（245头）大约是北极熊（130头）的两倍。北极熊的肉量是驯鹿的三倍，但同时也比后者更危险。驯鹿显然更可口，而且鹿角还可用于制作各种工具。不论是北极熊还是驯鹿，人们都直接在猎场将其屠宰，只有附着好肉或者骨髓丰富的骨头会被带回营地。

佩特科和同事确认为狗的犬科哺乳动物只占可辨认动物遗骸（151个样本）的0.5%，但是这些狗在人们的打猎和生存策略中发挥了重要作用，从而让人类一年中的大部分时间能够在北极高纬度地区生活。如果人类没有能力在冬季猎捕北极熊，那么就不太可能在此地生存。若没有大狗辅助，猎北极熊也会极其危险。

现场发现了与现代哈士奇或马拉穆特犬体形相当的狗的遗骸以及一些复杂雪橇的部件（例如滑板、雪橇杆和安全带套索扣的残片）。在佐霍夫遗址未被挖掘前的1000多年中，狗拉雪橇一直被视作因纽特文化的标志。然而在永冻土中保存完好的佐霍夫遗址文物却对此构成了挑战——狗拉雪橇这种工具的使用历史在因纽特文化的基础上向前推进了7000年。狗拉雪橇很可能在佐霍夫人的长途运输网络中不可或缺。

佐霍夫遗址出土的两个大致完好的犬头骨明确显示该遗址的狗有两种体形。遗址上还有一些年龄13岁左右的下颌骨、椎骨和各种肢骨。对化石样本的线粒体DNA控制区进行分析后发现，佐霍夫狗带有的单倍型与进化枝A（或称进化枝Ⅰ）与欧亚大陆狗带有的相同，佐霍夫狗并不是狼。佩特科将佐霍夫狗颅骨的尺寸数据转化为各项指标，从而反映狼和狗在比例上的差异，该过程用到的样本来自32只东西伯利亚雪橇犬（样本采集于100年前）和24匹西伯利亚狼。两个佐霍夫狗颅骨中，一个确定可归为雪橇犬，另一个与狼相似，但不可与狼归为一类。

雪橇犬的体形和重量是通过其余的佐霍夫狗骨头或牙齿计算得出的。据估计，较大的颅骨所属的狗体重为30公斤。要同时保证足够的力量和拉雪橇奔跑时高效的散热，30公斤已经是雪橇犬体形的上限。据估计，有10只佐霍夫狗的体重在16～25公斤之间，这是现代雪橇犬的标准体重。佐霍夫文化中较大的狗体形与现代马拉穆特犬或格陵兰雪橇犬相当；较小的狗体形与西伯利亚哈士奇相当。佩特科猜想较大的狗用于捕猎和找北极熊的洞穴，而较小的狗用来拉雪橇，从而把猎物的某些部分从捕猎现场运回营地。

最后，佩特科和团队注意到狗颅骨被小心地从身体上割下，只有轻微的割痕残留，并没有类似于处理北极熊或驯鹿的软组织（比如舌头、大脑、咬肌）时留下的明显伤痕。佩特科团队认为，割下狗的头颅和处理北极熊与驯鹿的区别可能同某种与狗相关的仪式或信仰有关，但尚不明确这些具体是什么。可以肯定的是，佐霍夫保存完好的一系列遗迹提供了证据，让我们了解到大约8000年前人类已经在有意培育专业用途的狗了。狗做的专门工作让与之合作的人类能适应北极高纬度地区的生活并猎捕高大且凶猛的熊和驯鹿。佐霍夫遗址保存的标本非常震撼，不仅让我们得出了以上惊喜且详细的结论，还揭示了人们在艰苦环境中发展出的一套可持续策略。不过，佐霍夫人的狗对北极生活的进一步适应要到晚些时候才出现。

人类在大约6000年前开始栖居北阿拉斯加、加拿大和格陵兰岛，但他们并不属于同一个文化群体。人与狗在美洲北极的历史相当复杂。最早的文化被称为早期古爱斯基摩文化（Early Paleo-Eskimos），即前多塞特/萨卡克（Pre-Dorset/ Saqqaq），之后出现了晚期古爱斯基摩文化（Late Paleo-Eskimos），即早期多塞特（Early Dorset）、中期多塞特（Middle Dorset）和晚期多塞特

（Late Dorset），以及图勒文化（Thule cultures）。前多塞特人在大约公元前3200～公元前850年间栖居在加拿大北极地区东部。随后的多塞特文化可以分为早期（公元前500～公元前1年）、中期（1～500年）、后期（500～1000年）以及末期（1000年以后）。图勒人是因纽特人的祖先，后者从1000年开始带着他们的狗迅速从西伯利亚向东扩散到格陵兰岛——这一壮举很大程度上得益于他们自己发明的爱斯基摩皮筏和皮划艇（用于渡水），以及先进的雪橇技术（用于冰雪上运输）。可能就是这次扩张将佐霍夫狗的强大基因带到了东部并带入了格陵兰岛的雪橇犬种群。该品种在今天仍带有相关基因。[5]

现代格陵兰雪橇犬和上述佐霍夫雪橇犬都表现出了一些有利于雪橇犬生存的基因适应。它们都只携带少量用于促进淀粉消化的AMY2B基因，而该基因在大多数狗体内数量较多。历史上，北极人很少有机会吃到淀粉类食物，所以这一现象并不出乎意料。此外，在狼体内常见的MGAM单倍型在它们体内也十分稀有，不过该单倍型在大多数狗中都不常见。现代格陵兰雪橇犬和佐霍夫雪橇犬在基因上的其他相似之处在于对寒冷的适应和长时间运动时保持合理吸氧量以支持肌肉收缩的能力。现代雪橇犬也在适应大量脂肪酸摄入和血液胆固醇清理方面表现突出，由此可推导出它们以海兽脂为食，但这种情况并不见于佐霍夫雪橇犬。对高脂肪酸饮食的类似适应也见于因纽特人和其他迁入北极地区东部的人群，这些人的现代格陵兰雪橇犬已有几千年的历史。

大约20000年前，即因纽特人远未在北半球扩散时，白令陆桥灰狼已经在北半球有过东扩进程。然而，白令陆桥灰狼并未显著影响格陵兰雪橇犬种群的基因。相比于其他雪橇犬，格陵兰雪橇犬与狼或其他品种雪橇犬杂交的机会不多。尽管文献中狼和雪橇犬杂交并不罕见，但两者的产物在当地环境中不容易存活，而且拉雪橇的能力低下。目前的证据显示白令陆桥狼是大多数（或所有）演化出家犬的北半球灰狼的祖先。[6]

在佐霍夫居住后，这些创造性的北极猎人和他们有意培育的狗是否迁入了白令陆桥及其南部的美洲？为了找到这个问题的答案，米克尔 - 霍尔格·辛丁（Mikkel-Holger Sinding）与许多同事组成团队，从佐霍夫狗中提取了一个核基因组，并将此分别与一匹来自亚纳犀牛角遗址的狼和十只来自格陵兰的现代雪橇犬的核基因组对比。[7]佐霍夫狗和格陵兰雪橇犬亲缘关系相近，而且淀粉消化基因都不多。但是，格陵兰狗与佐霍夫狗分支以后，显然获得了与高脂饮食相关的基因，这些基因与因纽特人带有的基因类似，而佐霍夫狗不带有这些基因。问题在于为何我们没有看到首批进入白令陆桥和美洲的西伯利亚人的狗——迁移时，他们本该把狗带上的。显然，在人类远未到达美洲时，与刻意培育的工具狗密切合作是西伯利亚北极高纬度地区的传统，但是尚不明确这些人和他们的狗如何迁入美洲。人类从大约15000年或16000年前开始可能就已经顺着没有结冰的通道或海藻丛生的水面划船南下。

伊丽莎白·P. 默奇森（Elizabeth P. Murchison）、格雷格尔·拉森（Greger Larson）和劳伦特·A. F. 弗朗茨（Laurent A. F. Frantz）带领的一个团队从最近9000年中的71只古代美洲或西伯利亚狗中提取了完整的线粒体基因组，并从文献中获取了145只狗的线粒体DNA数据，进行综合分析。由这些样本得出的进化树都落在最常见的狗的分支中（进化枝A，又称进化枝I）。该研究中所有狗有一个共同祖先，且该祖先在15000年前与佐霍夫狗有亲缘关系。这表明，在与欧洲接触之前，狗存在于美洲。狗的祖先并不是北美狼，但可能是西伯利亚狼。[8]

该研究所用的样本也包括能直接确定年份的美洲最古老的狗，它们分别来自伊利诺伊州的科斯特（Koster）和史迪威（Stillwell）遗址。最近重新进行年份溯源后，科斯特狗和史迪威狗可追溯到10000年前左右，而且似乎是被有意埋葬的。与史迪威狗相比，科斯特狗更瘦弱。此次年份溯源可以推出两种可能：其一，北极的狩猎采集者向南迁移进入美洲时没有带上他们的狗——这种做法似乎很奇怪；其二，一开始狗在美洲数量不多，5000～6000年后才繁盛起来，且很可能与第二波人类迁入潮同时发生。很可惜，研究者没有在史迪威狗的遗骸中提取到DNA。以上两个遗址的狗身高（从肩膀到地面）在439～517毫米之间，体重只有17公斤，据估计是佐霍夫狗或贝加尔湖地区的狗。也就是说，科斯特狗和史迪威狗比佐霍夫大型狗的估测体重轻，但是与格陵兰雪橇犬的身高相近（参考美国养犬俱乐部的标准），就好比体形稍小的佐霍夫狗。但是在10000年前的伊利诺伊州，狗做雪橇犬意义不大——它们更可能做人类的伙伴。

上述研究证实了2002年詹尼弗·列奥纳德（Jennifer Leonard）的研究结论。列奥纳德和团队分析墨西哥、秘鲁和哥伦比亚遗址中37只本土狗的线粒体DNA片段后认为，美洲狗的祖先并不仅限于北美狼。研究用到的样本包括了欧洲人尚未到达美洲时的11只阿拉斯加狗，此外还有来自爱斯基摩犬、墨西哥无毛犬、阿拉斯加哈士奇犬、纽芬兰犬、切萨皮克湾猎犬，以及来自大洋洲的澳洲野狗和新几内亚歌唱犬的一些DNA序列。这些狗与欧亚大陆的狗属于同一分支。列奥纳德的同事们分析指出，至少有五种狗随着来自远北的人们南下。此后，这几种狗几乎都濒临灭绝，这表明殖民文化能强有力地压制原住民文化，以及原住民的狗。[9]

数位狗遗传学和人类遗传学领域的著名研究者在最近的一篇合作论文中提出，与西伯利亚狗相关的基因和地理数据与人类迁入美洲的过程高度吻合，因此狗的驯化一定始于西伯利亚。但是，目前还没有已确定年份的遗址出土最早的家犬。不过，这几位研究者并没有依赖于用辐射技术对考古和古生物发现进行年份溯源，只是基于已观察到的基因突变进行年份定位；这种方法得出的结果不唯一。因此，该团队总结：

> 通过比较来自西伯利亚、白令陆桥和北美的人与狗的种群基因，我们揭示了两者在迁移和种群内部的分化上有较高的相关性……研究显示，23000年前——可能就是在人和狼因为末次盛冰期的严酷气候而隔绝的时候——狗就在西伯利亚得到了驯化。随后，狗陪伴第一批人进入美洲，15000年前人类开始在美洲迅速扩散时，狗也与之同行。

但是他们的分析中并没有可追溯到23000年前的遗址。西伯利亚的亚纳犀牛角遗址年份比较久远（距今33000年），贝加尔湖遗址较为年轻（距今8000～9500年），佐霍夫北极熊-猎狗距今约9500年。北美最早的狗遗骸只有10000年的历史。将狗驯化从而与之合作的这个想法很有可能是西伯利亚人南下时带入美洲并普及的。上述研究团队的推论非常精彩并且很可能大体符合事实，但是这些结论并没有解释狗或者半驯化的犬类是如何从西伯利亚或美洲到达东南亚或大澳大利亚的。[10]

前往地球尽头

随着人类在美洲向南迁移，环境发生了变化，犬科动物的分布也随之变化。有趣的是，南美洲的情况与澳大利亚相似，直到250万～300万年前才出现犬科动物，当时陆生物种可以通过隆起的巴拿马地峡步行到南美洲。然而，南美洲现在是一些地方性的、更像狐狸的犬科动物——山狐的家园。在欧洲殖民者进入美洲前，该物种基本是孤立存在的。经解剖学分析，该物种和其他地理区域的犬科动物群有诸多细微差异。早期殖民者曾记载过亚马孙盆地和加勒比地区的犬科动物，他们反复提及这些物种不会吠叫。许多记载都提到了两类犬科动物：一类是西班牙獒犬，它们可能是殖民者带来的，另一类则是来历不明的小型白犬，它们被用来猎杀被称为硬毛鼠的大型地方性啮齿动物。这些白犬也被认为是很好的食物，肉质像小山羊一样。[1]

南美洲特有的"狗"在世界范围内并不为人所知，实际上它们也不是狗，因为它们从未被驯化。南美洲特有的"狗"包括腿很长的鬃狼，一种引人注目，长有淡红色的皮毛、黑色的长腿和口鼻，以及毛茸茸的、像狐狸一样的尾巴的动物。它习惯独居，

　　　　　　第一只狗：我们最古老的伙伴

以草原地区的昆虫、小型啮齿动物和鸟类为食。濒临灭绝的稀有小耳犬体形细长，生长活动于热带雨林，避开人类和受干扰的栖息地。薮犬则是一种短腿、粗壮的动物，主要捕猎刺豚鼠，它经常出没于河流栖息地，被认为是半水生动物，因为它长有蹼状的脚趾。另一种南美洲特有物种是食蟹狐，这是一种生活在森林地区的短腿陆栖杂食动物，以小型哺乳动物、昆虫、水果、螃蟹和青蛙为食。[2]

南美洲还拥有六个被称为狐狸或伪狐狸的物种，属于伪狐属，尽管一些学者将它们与南美马尔维纳斯群岛的福克兰狼归为一类。福克兰狼曾是南美洲体形最大的本土犬科动物（肩高约一米，体形接近土狼），现已灭绝。达尔文跟随英国皇家舰船"小猎犬号"航行时，曾在南美洲看到了这个物种并与之互动，发现它非常驯服，进而怀疑它曾被驯化。现如今，该物种仅在马尔维纳斯群岛为人所知。

许多当地逸事和历史报道都记载了南美狐狸被驯化并与家犬杂交的内容。这些记载存在自相矛盾的内容，因此可信性存疑。有些记录中，地方性犬科动物鲜少发声或无法吠叫，而另一些记载则描述了不同的发声方式（如咆哮、尖叫、嚎叫）。一位作家称它们很容易驯服，但另一位作家却说它们"很难见到，因为它们见到人类便会逃跑"。总而言之，似乎没有令人信服的证据表明南美犬科动物已被驯化。尽管丛林犬最初是从巴西的石灰岩洞穴中采集的，那里埋葬了一些人类遗骸，但没有迹象表明丛林犬是被驯化或被故意埋葬在那里的。

查尔斯·达尔文（Charles Darwin）疑惑于马尔维纳斯群岛唯一的陆生物种是狼这一事实。这些岛屿距最近的陆地约480公里，他由此推测这些狼可能是被人带到马尔维纳斯群岛的。与福克兰狼关系最近的是生活在阿根廷的一种小型、类似狐狸的已灭绝的犬科动物（学名为*Dusicyon avus*）。现代的遗传学研究证实，二者确实密切相关，仅在大约16000年前分开。当时马尔维纳斯群岛和阿根廷之间的距离仅约20公里，这一发现表明，狼可能无须依赖人类帮助，在冰天雪地便可穿越到该岛。这种看起来像狐狸的犬科动物迁移到南美洲，然后根据饮食和栖息地迅速找到了属于自己的生态位。南美洲也发现了一些北美恐狼和灰狐的化石。其他狼则没有进入南半球，因此无法变化成狗。[3]

这意味着真正意义上的家犬从未大量进入南美洲，直到欧洲殖民者将它们带到这片大陆。显然，西伯利亚人和其他早期进入美洲的移民并没有将狗带入美洲，即使是那些住在更北部时专门饲养过狗的族群也不例外。南美洲有多处闻名世界的史前人类墓地，其中出土了许多骨骼遗骸，如著名的"卢西亚"头盖骨（Luzia cranium），其历史可追溯到9000多年前。

为了解答这些问题，基因学家们提取了来自巴西、伯利兹、秘鲁、阿根廷、智利的49个古南美人的完整基因组，并且在早期南美人和蒙大拿州的安兹克男孩之间找到了基因联系。安兹克男孩和克洛维斯文化的文物一同出土，距今12700～12900年；这个孩子和南美洲很多最古老的样本有联系。但南美洲最新出土的样本和人类第二个分支存在基因联系，而人类第二个分支被认为是北美所有原住民的祖先。这意味着从大约9000年前开始，原本生活在南美洲土地上的人类族群渐渐被其他人类族群替代。近期还有分析指出，一些古南美人所在的族群（尚未得到分类），带有大量来自澳大利亚或亚洲的基因，这或许能解释为什么有些头骨

（比如卢西亚化石）外形奇异。南美洲孤立的地理位置显然影响了犬类和人类的进化，这就和原住民与澳洲野狗的进化在大澳大利亚受到影响一样。[4]

家犬进入南美洲时发生了什么？要研究狗和人在南美的踪迹，就必须关注当代狩猎采集者和殖民时期的人们在狗的利用上的区别。狗是西班牙人等欧洲入侵者们占领新大陆时的工具。狗——尤其是凶猛的西班牙獒——在得到训练后被用来追杀原住民，直到整个村庄甚至族群都被赶尽杀绝。这些狗靠吃自己猎得的尸体为生，被反复用作对付原住民的有力武器。除了狗，侵略者们在开疆拓土时还有其他"得力助手"：马、盔甲、火器、金属剑。在巴西亚马孙等地区，很多原住民认为欧洲狗很可怕，因为他们从没见过这种动物，即使该地区有本土的犬科动物。矛盾的是，原住民被欧洲人统治时，欧洲狗是他们打猎时不可多得的帮手。与大澳大利亚人一样，南美原住民也迅速和狗形成了合作。殖民者们还认识到狗能在对立的人类族群之间建立情感联系。2013年，费利佩·万德-韦尔登（Felipe Vander Velden）听说了坎迪多·马里亚诺·达席尔瓦·龙东（Cândido Mariano da Silva Rondon）的故事，后者在第一次橡胶潮（1906~1909）时期来到南美。一次，龙东心爱的狗走失了，被本地的普韦布洛人（Puruborá）找了回来，那个人认出这是一只"白人的狗"，于是护送它回到主人身边。龙东很开心能和狗重聚，于是"驯服"了普韦布洛人并且很喜欢他们。我很好奇所谓的"驯服"是什么意思。[5]

万德-韦尔登听说的这个故事一定程度上和卡利吉亚纳人领土上第一只狗的故事相似。橡胶产业席卷他们的土地时，卡利吉亚纳人也被推入了这一行业。他们村庄中的第一只狗来自一位游商，当时他在此地漫游，一边买森林产品一边推销制造产品。（这个故事的另一个版本中，狗主人是一个原住民首领。）这只小白狗在村中展现出了优秀的狩猎本领，于是卡利吉亚纳人殷切想得到更多狗，从而他们就能培育出更多狩猎助手。据说村中人人都对这只狗喜爱有加，毫不畏惧。它狩猎时极为凶猛，人称"家养美洲虎"，在家中的地位和子女不相上下。[6]

万德-韦尔登主要想说明的是，狗在缓和人与人之间的紧张关系时有重要作用，也能促进陌生人之间的交流。他还认为，本地"狗"——本土的食蟹狐和各种伪狐——或许起了铺垫作用，使得日后真正的家犬被欧洲人带入南美偏僻地区时得以被当地人接受。尽管欧洲狗曾被当作征服新土地的工具，它们仍然受到欢迎。万德-韦尔登指出了两点原因：一是狗出色的狩猎技能，二是狗亲近人类的天性。

在一项定量研究中，人类学家杰瑞米·科斯特（Jeremy Koster）发现在尼加拉瓜森林地区，与狗合作狩猎能提高本土狩猎-采集者的成功率，狗的辅助效果堪比火器。科斯特利用数据比较喂狗消耗的肉和狗惊人的猎杀率，从而进行与狗合作狩猎的投入产出分析。科斯特发现，在他研究的区域中，每年有49%的成年狗和几乎一半的狗崽死亡。他得出结论，狩猎表现出色的狗会得到更多食物和照顾。这是当然。[7]

科斯特和万德-韦尔登都提到了狗的友善、与人合作并建立深刻情感联系的能力。这种情感联系正是克莱夫·怀恩在《狗就是爱》中写到的，也是布里奇特·冯·霍尔特在研究狗对陌生人或新环境的极大包容和某些基因突变之间的联系时聚焦的方面。

北极地区的佐霍夫人有选择地培育家犬，并且有特别的葬狗仪式，这就是人狗之间情感联系的体现。狗的友善和其他生理特质让狗在人类的生存中扮演了特殊且重要的角色，比如猎北极熊、追踪九绊犰狳、用嗅觉搜寻地下水、拉雪橇、吓退鬼魂和恶灵。不同行为特质和生理特点的结合让狗在各种场景中都能成为人类优秀的伙伴，这也让人类能够通过育种，培育出不同体形、力量、毛量、毛色的狗，并且建立起特殊的沟通方式，从而应用于不同的狩猎情境。[8]

后　记

我们通过回顾人和狗是如何迁徙并来到世界各地的，似乎能得出结论，他们的迁移受到生物地理因素的强烈影响。人类通过发展航海技术，到达了新的大陆，狗虽然没有这些技术，但通过与人类形成的情感纽带，它们也登陆了这些大陆。当人类迁徙到新的领土或生态系统时，他们往往会带上他们的犬类伙伴。

在澳大利亚，异常干旱的气候和短缺的水资源向人类提出了挑战。但人类充分地适应了这一大陆，发展了相应的文化与技术，顺利将这一大陆改造为宜居的栖息地。待人类充分适应环境后，澳洲野狗才出现在他们的生活中。因此，澳洲野狗并没有帮助第一批澳大利亚人适应严酷的生活环境，对澳大利亚原住民的生活来说，它们显得无足轻重。而对于澳洲野狗而言，原住民也同样可有可无，虽然人类的栖息地能提供很多便利。在澳大利亚，人与野狗的关系较为特殊，他们并未感受到发展情感纽带和沟通技巧的深刻需求和紧迫压力。

同样，第一批进入美洲，尤其是南美洲热带雨林的人类并没有与狗为伴，他们在很久以后才发现与狗合作所带来的潜在好处。无论是在南美洲还是在澳大利亚，原住民都没有将狗驯化，以供日常使用，尽管他们都对殖民者驯化的狗印象深刻。

我认为，无论是澳洲野狗还是南美洲的地方性犬科动物，都从未被驯化过。它们向我们表明，狗性的基本要素是可以分离的，且高度不同，这也是狗扎根于世界各地的成功之道。但第一批澳大利亚人与野狗互动时，从未想过将它们驯化为伙伴，而野狗也从未全心全意地接受"人类家庭成员"这一角色。澳洲野狗从未被彻底纳入原住民的传统，尽管它们在梦境故事中扮演着重要的角色。澳大利亚原住民和野狗之间的联系应被视为某种临时性的联盟，而非永久性的联系。南美洲的原住民似乎也从未尝试驯化他们本地的犬科动物。

我在研究中清楚地看到，喜欢、钦佩和理解野狗的人确实与它们建立了非凡的、长久的联系。大多数人缺乏这样做的技能或意愿，也很少接纳它们融入自己的生活。澳洲野狗与澳大利亚原住民相遇后，曾有段时间走在被驯化的路上，但驯化终究未发生。除了亚洲某处的零星发现，我们很难追踪澳洲野狗来自哪里，也不了解该物种的独特之处。

当人类走水路前往下一个岛屿或者大澳大利亚的时候，为什么它们也被带上了船？我们并不知道答案，因为澳洲野狗的角色很难定义——对人类来说，它们有时是食物，有时是伙伴；有时为人类提供保护，有时靠人类填饱肚子，有时是孩子一样的家庭成员，有时给人添麻烦或偷人东西；有时是玩伴，有时是讨厌鬼，有时是打猎的伙伴，有时又成了猎物。

南美的犬类也是类似的情况。它们的一些特质和当地的古人类有吻合之处。我怀疑这之中存在着某些生物地理上的阻碍，但我不知道具体是什么。

人类的每一次迁移和大规模的领土扩张所带来的挑战各不相同。当气温降低且动植物种类大体上和原来相同时，人类和家犬为求生存，不得不适应艰苦的新环境和动植物变化的习性。这种适应无论如何都不能说是人类的主动选择，完全是生存所迫。在平芜和苔原，快速移动和协作狩猎是必需的。但在树木茂盛且潮湿的热带森林，则需要不同的生存策略。当人们和狗迁入极寒且高危的环境中时，两者发展出了绝妙的适应机制，从而能共同存活，并且获取食物。人与狗之间的深刻联结愈发明显。人们在捕食和家养的动物之间编织出了种种宗教和信仰上的说法；有时，我们是一个共同体。根据动物在我们生活中的角色对它们致以不同的葬礼和敬意——这变得愈发重要。为了配得上某些动物对我们的喂养和保护，我们人类开始不辞辛苦，大费周章。我们发展出了一种周到的道德准则，以此来规训人们的行为，并投射对我们动物伙伴的期待。

这本书对我来说是一场迷人之旅。在解密狗的历史的过程中，我有时会遇到学术上的困难和挫折。在论点的梳理和理解上，我也可能会出错，但我对这个研究心怀感激。我比从前更清晰地认识到，我们是如何与其他动物共同生活的，以及我们之间是多么地相互依赖。人类和犬类隶属同一个生态系统，也正因此，人类常常会把狗和其他与人发展出深厚联结的动物带在身边。狗与人无异——它们也有自己的想法、感受、情绪、观念，它们也有基于情绪的道德标准，有行为上的许可和禁忌，或许还有一种正义感。可以说，人类也与动物无异——在其他动物中观察到的生理和心理需求在人类身上一样存在。狗选择了和人类共同生活、交流，因此给了我们很多机会来学习如何共同生存、共同繁荣。

注　释

前　言

1. C. Hall, "Why Zebra Refused to Be Saddled with Domesticity," The Conversation.com (https://theconversation.com/why-zebra-refused -to-be-saddled-with-domesticity-65018, September 14, 2016).

2. R. Coppinger and L. Coppinger, *Dogs: A Startling New Understanding of Canine Origin, Behavior & Evolution* (New York: Scribner, 2001).

狗诞生之前

1. Bronwen Dickey, *Pit Bull: The Battle over an American Icon* (New York: Knopf, 2016).

2. E. Matisoo-Smith, "The Human Colonisation of Polynesia. A Novel Approach: Genetic Analyses of the Polynesian Rat (*Rattus exulans*)," *Journal of the Polynesian Society* 103, no. 1 (1994): 75–87.

3. R. Wayne, "Molecular Evolution of the Dog Family," *Trends in Genetics* 9, no. 6 (1993): 220.

4. K -P. Koepfli, J. Pollinger, R. Godinho, et al., "Genome-wide Evidence Reveals That African and Eurasian Golden Jackals Are Distinct Species," *Current Biology* 25 (2015): 1–8.

5. C. Daujeard, G. Abrams, M. Germonpré, et al., "Neanderthal and Animal Karstic Occupations from Southern Belgium and South-eastern France: Regional or Common Features?" *Quaternary International* 411, part A (2016): 179–197.

6. K. Lohse and L. Franz, "Neandertal Admixture in Eurasia Confirmed by Maximum-Likelihood Analysis of Three Genomes," *Genetics* 196 (2014): 1241–1251.

7. V. Slon, F. Mattazoni, B. Vernot, et al., "The Genome of the Offspring of a Neanderthal Mother and a Denisovan Father," *Nature* 561 (2018): 113–116; L. Chen, A. Wolf, W. Fu, et al., "Identifying and Interpreting Apparent Neanderthal Ancestry in African Individuals," *Cell* 180, no. 4 (2020): 677–687.

8. T. Higham, K. Douka, R. Wood, et al., "The Timing and Spatiotemporal Patterning of Neanderthal Disappearance," *Nature* 512 (2014): 306–309.

9. M. Germonpré, M. V. Sablin, R. E. Stevens, et al., "Fossil Dogs and Wolves from Palaeolithic Sites in Belgium, the Ukraine and Russia: Osteometry, Ancient DNA and Stable Isotopes," *Journal of Archaeological Science* 36, no. 2 (2009): 473–490; M. Germonpré, M. Lázničková-Galetová, and M. Sablin, "Palaeolithic Dog Skulls at the Gravettian Předmostí Site, the Czech Republic," *Journal of Archaeological Science* 39, no. 1 (2012): 184–202.

10. O. Thalmann, B. Shapiro, P. Cui, et al., "Complete Mitochondrial Genomes of Ancient Canids Suggest a European Origin of Domestic Dogs," *Science* 342 (2013): 871.

11. H. Bocherens, D. Drucker, M. Germonpré, et al., "Reconstruction of the Gravettian Food-web at Předmostí I Using Multi-isotopic Tracking (^{13}C, ^{15}N, ^{34}S) of Bone Collagen," *Quaternary International* 359–360 (2015): 211–228.

12. K. Prassack, J. DuBois, M. Lázncková-Galetová, et al., "Dental Microwear as a Behavioral Proxy for Distinguishing between Canids at the Upper Paleolithic (Gravettian) Site of Předmostí, Czech Republic," *Journal of Archaeological Science* 115 (2020): 105092–105102.

13. A. R. Perri, "Hunting Dogs as Environmental Adaptations in Jōmon Japan," *Antiquity* 90, no. 353 (2016): 1166–1180.

14. P. Shipman, *The Invaders: How Humans and Their Dogs Drove Neanderthals to Extinction* (Cambridge, MA: Belknap Press of Harvard University Press, 2015).

人和狗为何相互选择？

1. M. Derr, *How the Dog Became the Dog: From Wolves to Our Best Friends* (New York: Overlook Duckworth, 2011), 20.

2. C. Mason, personal communication to author, 1976.

3. A. Miklósi, E. Kubinyi, J. Topál, et al., "A Simple Reason for a Big Difference: Wolves Do Not Look Back at Humans But Dogs Do," *Current Biology* 13 (2003): 763–766; K. Lord, "A Comparison of the Sensory Development of Wolves (*Canis lupus lupus*) and Dogs (*Canis lupus familiaris*)," *Ethology* 119, no. 2 (2013): 110–120.

4. C. Wynne, *Dog Is Love: Why and How Your Dog Loves You* (New York: Houghton Mifflin Harcourt, 2019).

5. R. Coppinger and L. Coppinger, *Dogs: A Startling New Understanding of Canine Origin, Behavior and Evolution* (New York: Simon and Schuster, 2001).

何为狗性？

1. C. Wynne, *Dog Is Love: Why and How Your Dog Loves You* (New York: Houghton Mifflin Harcourt, 2019).

2. B. VonHoldt, J. Pollinger, K. Lohmuelle, et al., "Genome-Wide SNP and Haplotype Analyses Reveal a Rich History Underlying Dog Domestication," *Nature* 464 (2010): 898–903, 901.

3. B. Hare, M. Brown, C. Williamson, and M. Tomasello, "The Domestication of Social Cognition in Dogs," *Science* 298, no. 5598 (2002): 1634–1636.

狗有几个诞生地？

1. J. Krause, Q. Fu, J. Good, et al., "The Complete Mitochondrial DNA Genome of an Unknown Hominin from Southern Siberia," *Nature* 464 (2010): 894–897; D. Reich, R. Green, and S. Pääbo, "Genetic History of an Archaic Hominin Group from Denisova Cave in Siberia," *Nature* 468 (2010): 1053–1060.

2. Reich et al., "Genetic History of an Archaic Hominin Group."

3. M. Caldararo, "Denisovans, Melanesians, Europeans and Neandertals: The Confusion of DNA Assumptions and the Biological Species Concept," *Journal of Molecular Evolution* 83 (2016): 78–87; J. Hawks and M. Wolpoff, "The Accretion Model of Neandertal Evolution," *Evolution* 55, no. 7 (2001): 1474–1485; J. Hawks and M. Wolpoff, "Brief Communication: Paleoanthropology and the Population Genetics of Ancient Genes," *American Journal of Physical Anthropology* 114 (2001): 269–272.

4. S. Brown, T. Higham, V. Sion, et al., "Identification of a New Hominin Bone from Denisova Cave, Siberia, Using Collagen Fingerprinting and Mitochondrial DNA Analysis," *Scientific Reports* 6 (2016): 23559.

5. F. Chen, F. Welker, C-C. Shen, et al., "A Late Middle Pleistocene Denisovan Mandible from the Tibetan Plateau," *Nature* 569 (2019): 409–412; S. Bailey, J-J. Hublin, and S. Antón, "Rare Dental Trait Provides Morphological Evidence of Archaic Introgression in Asian Fossil Record," *Proceedings of the National Academy of Sciences* 116, no. 30 (2019): 14806–14807.

6. G. Scott, J. Irish, and M. Martinón-Torres, "A More Comprehensive View of the Denisovan 3-Rooted Lower Second Molar from Xiahe," *Proceedings of the National Academy of Sciences* 117, no. 1 (2019): 37–38.

7. Reich et al., "Genetic History of an Archaic Hominin Group."

8. P. Qin and M. Stoneking, "Denisovan Ancestry in East Eurasian and Native American Populations," *Molecular Biology and Evolution* 32, no. 10 (2015): 2665–2674.

9. D. Rhode, D. Madsen, J. Brantingham, and T. Dargye, "Yaks, Yak Dung, and Prehistoric Human Habitation of the Tibetan Plateau," in D. B. Madsen, F. H. Chen, and X. Gao, eds., *Late Quaternary Climate Change and Human Adaptation in Arid China* (Amsterdam: Elsevier, 2007), 205–224; M. Hanaoka, Y. Droma, B. Bassnyat, et al., "Genetic Variants in EPAS1 Contribute to Adaptation to High-Altitude Hypoxia in Sherpas," *PLoS ONE* 7, no. 12 (2012): 50566.

10. R. M. Durbin, G. R. Abecasis, R. M. Altshuler, et al., "A Map of Human Genome Variation from Population-Scale Sequencing," *Nature* 467 (2010): 1061–1073.

11. Durbin et al., "A Map of Human Genome Variation."

12. S. Kealy, J. Louys, and S. O'Connor, "Least Cost Pathway Models Indicate Northern Human Dispersal from Sunda to Sahul," *Journal of Human Evolution* 125 (2018): 59–70.

何为驯化？

1. B. Hesse, "Carnivorous Pastoralism: Part of the Origins of Domestication or a Secondary Product Revolution?" in R. Jameson, S. Abouyi, and N. Mirau, eds., *Culture and Environment: A Fragile Coexistence* (Calgary: Proceedings of the 24th Annual Conference of the Archaeological Association of Canada, 1993), 99–108.

2. M. N. Cohen and G. Armelagos, *Paleopathology at the Origins of Agriculture* (Gainesville: University Press of Florida, 1984).

3. F. Galton, "The First Steps towards the Domestication of Animals," *Transactions of the Ethnological Society of London*, 3 (1865): 122–138, 137.

4. Galton, "First Steps."

5. C. Darwin, *The Variation of Animals and Plants under Domestication* (London: John Murray, 1868), 36, 34.

6. See discussion in D. Rindos, *The Origins of Agriculture: An Evolutionary Perspective* (Sydney: Academic Press, 1984), 5–6.

7. The 2012 Harris Poll cited 95 percent of pet owners in the United States as considering their pets to be family members.

8. P. Ucko and G. W. Dimbleby, eds., *The Domestication and Exploitation of Plants and Animals* (Chicago: Aldine, 1969), xvi.

9. A. Sherratt, "Plough and Pastoralism: Aspects of the Secondary Products Revolution," in I. Hodder, G. Isaac, and N. Hammond, eds., *Pattern of the Past: Studies in Honour of David Clarke* (Cambridge: Cambridge University Press, 1981), 261–305; A. Sherratt, "The Secondary Exploitation of Animals in the Old World," *World Archaeology* 15, no. 1 (1983): 90–104.

10. P. Shipman, "And the Last Shall Be First," in H. Greenfield, ed., *Animal Secondary Products* (Oxford: Oxbow Books, 2014), 40–54; S. Bököyi, "Archaeological Problems and Methods of Recognizing Animal Domestication," in Ucko and Dimbleby, *Domestication and Exploitation,* 219.

11. M. A. Zeder, "Core Questions in Domestication Research," *Proceedings of the National Academy of Sciences* 112, no. 11 (2015): 191–198.

12. G. Larson and D. Fuller, "The Evolution of Animal Domestication," *Annual Review of Ecology, Evolution, and Systematics* 45: 115–136.

13. S. Bökönyi, "Development of Early Stock Rearing in the Near East," *Nature* 264 (1976): 19–23; S. Crockford, *Rhythms of Life: Thyroid Hormone and the Origin of Species* (Victoria, BC: Trafford Publishing, 2006).

14. R. Losey, T. Nomokonova, D. V. Arzyutov, et al., "Domestication as Enskilment: Harnessing Reindeer in Arctic Siberia," *Journal of Archaeological Method and Theory* 28 (2021): 197–231, 198.

15. R. J. Losey, V. I. Bazaliiskii, S. Garvie-Lok, et al., "Canids as Persons: Early Neolithic Dog and Wolf Burials, Cis-Baikal, Siberia," *Journal of Anthropological Archaeology* 30 (2011): 174–189.

16. M. Germonpré, M. Lázničková-Galetová, M. V. Sablin, and H. Bocherens, "Self-domestication or Human Control? The Upper Palaeolithic Domestication of the Wolf in Hybrid Communities," in C. Stepanoff and J-D. Vigne, eds., *Biosocial Approaches to Domestication and Other Trans-species Relationships* (London: Routledge, 2018), 39–64.

17. J. Clutton-Brock, *A Natural History of Domesticated Animals* (Cambridge: Cambridge University Press, 1999).

18. D. F. Morey, "In Search of Paleolithic Dogs: A Quest with Mixed Results," *Journal of Archaeological Science* 52 (2014): 300–307; D. F. Morey and R. Jeger, "Paleolithic Dogs: Why Sustained Domestication Then?" *Journal of Archaeological Science* 3 (2015): 420–428.

第一只狗来自何方？

1. R. Wayne, "Molecular Evolution of the Dog Family," *Trends in Genetics* 9, no. 6 (1993): 218–224.

2. S. Olsen, *Origins of the Domestic Dog: The Fossil Record* (Tucson: University of Arizona Press, 1985).

3. L. Janssens, A. Perri, P. Crombe, et al., "An Evaluation of Classical Morphologic and Morphometric Parameters Reported to Distinguish Wolves and Dogs," *Journal of Archaeological Science: Reports* 23 (2019): 501–533, 531, 533; P. Ciucci, L. Lucchini, L. Boitani, and E. Randi, "Dewclaws in Wolves as Evidence of Admixed Ancestry with Dogs," *Canadian Journal of Zoology* 81, no. 12 (2003): 2077–2081.

4. C. Vilà, P. Savolainen, J. E. Maldonado, et al., "Multiple and Ancient Origins of the Domestic Dog," *Science* 298 (1997): 1613–1616.

5. P. Savolainen, Y-P. Zhang, Luo Jing, et al., "Genetic Evidence for an East Asian Origin of Domestic Dogs," *Science* 298 (2002): 1610–1613.

6. S. Davis and F. Valla, "Evidence for Domestication of the Dog 12,000 Years Ago in the Natufian of Israel," *Nature* 276 (1978): 608–610.

7. Davis and Valla, "Evidence for Domestication of the Dog," 610.

8. K. Lord, "A Comparison of the Sensory Development of Wolves (*Canis lupus lupus*) and Dogs (*Canis lupus familiaris*)," *Ethology* 119, no. 2 (2013): 110–120.

9. M. Germonpré, M. V. Sablin, R. E. Stevens, et al., "Fossil Dogs and Wolves from Palaeolithic Sites in Belgium, the Ukraine and Russia: Osteometry, Ancient DNA and Stable Isotopes," *Journal of Archaeological Science* 36, no. 2 (2009): 473–490; M. Germonpré, M. Lázničková-Galetová, and M. Sablin, "Palaeolithic Dog Skulls at the Gravettian Předmostí Site, the Czech Republic," *Journal of Archaeological Science* 39, no. 1 (2012): 184–202; N. Ovodov, S. Crockford, Y. Kuzmin, et al., "A 33,000-Year-Old Incipient Dog from the Altai Mountains of Siberia: Evidence of the Earliest Domestication Disrupted by the Last Glacial Maximum," *PLoS ONE* 6, no. 7 (201): 22821.

10. O. Thalmann, B. Shapiro, P. Cui, et al., "Complete Mitochondrial Genomes of Ancient Canids Suggest a European Origin of Domestic Dogs," *Science* 342 (2013): 871.

盘根错节的往事

1. P. Shipman, *The Invaders: How Humans and Their Dogs Drove Neanderthals to Extinction* (Cambridge, MA: Belknap Press of Harvard University Press, 2015).

2. R. Losey, T. Komokonova, L. Fleming, et al., "Buried, Eaten, Sacrificed: Archaeological Dog Remains from Trans-Baikal," *Archaeological Research in Asia* 16 (2018): 58–65.

失踪的狗

1. P. Brown, T. Sutikna, M. J. Morwood, et al., "A New Small-Bodied Hominin from the Late Pleistocene of Flores, Indonesia," *Nature* 431 (2004): 1055–1061; F. Détroit, A. Mijares, J. Corny, et al., "A New Species of *Homo* from the Late Pleistocene of the Philippines," *Nature* 568 (2019): 181–186.

2. G. Hamm, P. Mitchell, L. Arnold, et al., "Cultural Innovation and Megafauna Interaction in the Early Settlement of Arid Australia," *Nature* 539 (2016): 280–283; S. Kealy, J. Louys, and S. O'Connor, "Islands under the Sea: A Review of Early Modern Human Dispersal Routes and Migration Hypotheses through Wallacea," *Journal of Island and Coastal Archaeology* 11 (2016): 364–384.

3. W. Noble and I. Davidson, "The Evolutionary Emergence of Modern Human Behavior," *Man* 26 (1991): 223–253; I. Davidson and W. Noble, "Why the First Colonisation of the Australian Region Is the Earliest Evidence of Modern Human Behaviour," *Archaeology in Oceania* 27 (1992): 135–142; I. Davison, "The Colonization of Australia and Its Adjacent Islands and the Evolution of Modern Cognition," *Current Anthropology* 51 (2010): s177–s189.

4. C. Marean, M. Bar-Matthews, J. Bernatchez, et al., "Early Human Use of Marine Resources and Pigment in South Africa during the Middle Pleistocene," *Nature* 449 (2007): 905–908.

5. C. Clarkson, Z. Jacobs, B. Marwick, et al., "Human Occupation of Northern Australia by 65,000 Years Ago," *Nature* 547 (2017): 306–325.

6. C. Marean, "How *Homo sapiens* Became the Ultimate Invasive Species," *Scientific American* 313, no. 2 (2015): 31–39; C. Marean, "The Origins

and Significance of Coastal Resource Use in Africa and Western Eurasia," *Journal of Human Evolution* 77 (2014): 17–40.

7. S. O'Connor, "New Evidence from East Timor Contributes to Our Understanding of Earliest Modern Human Colonisation East of the Sunda Shelf," *Antiquity* 81 (2007): 523–535; S. O'Connor, M. Spriggs, and P. Veth, "Excavation at Lene Hara Establishes Occupation in East Timor at Least 30,000–35,000 Years On: Results of Recent Fieldwork," *Antiquity* 76 (2002): 45–49; S. O'Connor and P. Veth, "Early Holocene Shell Fish Hooks from Lene Hara Cave, East Timor, Establish That Complex Fishing Technology Was in Use in Island South East Asia Five Thousand Years before Austronesian Settlement," *Antiquity* 79 (2005): 1–8.

8. S. O'Connor, R. Ono, and C. Clarkson, "Pelagic Fishing at 42,000 Years before the Present and the Maritime Skills of Modern Humans," *Science* 334, no. 6059 (2011): 1117–1121.

9. P. Veth, I. Ward, and S. O'Connor, "Coastal Feasts: A Pleistocene Antiquity for Resource Abundance in the Maritime Deserts of North West Australia?" *Journal of Island and Coastal Archaeology* 12 (2017): 8–23; P. Veth, K. Ditchfield, and F. Hook, "Maritime Deserts of the Australian Northwest," *Australian Archaeology* 79 (2014): 156–166; M. A. Bird, D. O'Grady, and S. Ulm, "Humans, Water, and the Colonization of Australia," *Proceedings of the National Academy of Sciences* 13, no. 41 (2016): 11477–11482, 11477.

10. J. Balme, "Of Boats and String: The Maritime Colonisation of Australia," *Quaternary International* 285 (2013): 68–75; J. Smith, "Did Early Hominids Cross Sea Gaps on Natural Rafts?" in I. Metcalfe, J. M. B. Smith, M. Morwood, and I. Davidson, eds., *Faunal and Floral Migration and Evolution in SE Asia-Australia* (Lisse, Netherlands: Swets & Zeitlinger, 2001), 409–416.

适 应

1. M. A. Bird, D. O'Grady, and S. Ulm, "Humans, Water, and the Colonization of Australia," *Proceedings of the National Academy of Sciences* 13, no. 41 (2016): 11477–11482, 11477; M. Bird, S. C. Condie, S. O'Connor, et al., "Early Human Settlement of Sahul Was Not an Accident," *Nature Scientific Reports* 9 (2019): 8220.

2. G. J. Price, "Taxonomy and Palaeobiology of the Largest-Ever Marsupial, *Diprotodon* Owen, 1838 (Diprotodontidae, Marsupialia)," *Zoological Journal of the Linnean Society* 153, no. 2 (2008): 369–397.

第一只狗：我们最古老的伙伴

3. M. Bird, C. Turney, L. Fifield, et al., "Radiocarbon Analysis of the Early Archaeological Site of Nauwalabila 1, Arnhem Land, Australia: Implications for Sample Suitability and Stratigraphic Integrity," *Quaternary Science Reviews* 21 (2002): 1061–1075; J. F. O'Connell and J. Allen, "The Restaurant at the End of the Universe: Modelling the Colonisation of Sahul," *Australian Archaeology* 74 (2012): 5–17.

4. A. Thorne, E. Grün, G. Mortimer, et al., "Australia's Oldest Human Remains: Age of the Lake Mungo 3 Skeleton," *Journal of Human Evolution* 36 (1999): 591–612; J. M. Bowler, H. Johnston, J. M. Olley, et al., "New Ages for Human Occupation and Climatic Change at Lake Mungo, Australia," *Nature* 421 (2003): 837–841.

5. J. Balme, D. Merrilees, and J. Porter, "Late Quaternary Mammal Remains Spanning about 30,000 Years from Excavations in Devil's Lair, Western Australia," *Journal of the Royal Society of Western Australia* 60, no. 2 (1978): 33–65; C. Turney, M. I. Bird, L. K. Fifield, et al., "Early Human Occupation at Devil's Lair, Southwestern Australia 50,000 Years Ago," *Quaternary Research* 55 (2001): 3–13.

6. G. Hamm, P. Mitchell, L. Arnold, et al., "Cultural Innovation and Megafauna Interaction in the Early Settlement of Arid Australia," *Nature* 539 (2016): 280–283.

7. P. Hiscock, S. O'Connor, J. Balme, and T. Maloney, "World's Earliest Ground-Edge Axe Production Coincides with Human Colonisation of Australia," *Australian Archaeology* 82, no. 1 (2016): 2–11; M. Langley, S. O'Connor, and K. Aplin, "A >46,000-year-old Kangaroo Bone Implement from Carpenter's Gap 1 (Kimberley, Northwest Australia)," *Quaternary Science Reviews* 154 (2016): 199–213; S. O'Connor, "Carpenter's Gap Rock Shelter 1: 40,000 Years of Aboriginal Occupation in the Napier Ranges, Kimberley, WA," *Australian Archaeology* 40 (2014): 58–60.

8. C. Shipton, S. O'Connor, S. Kealy, et al., "Early Ground Axe Technology in Wallacea: The First Excavations on Obi Island," *PLOS ONE* 15, no. 8 (2020): e0236719.

9. Langley et al., "A >46,000-Year-Old Kangaroo Bone Implement."

10. Hiscock et al., "World's Earliest Ground-Edge Axe Production," 9.

11. I. Davidson, "Peopling the Last New Worlds: The First Colonisation of Sahul and the Americas," *Quaternary International* 285 (2013): 1–29.

12. S. Kealy, J. Louys, and S. O'Connor, "Least-Cost Pathway Models Indicate Northern Human Dispersal from Sunda to Sahul," *Journal of Human Evolution* 125 (2018): 59–70.

13. R. Gillespie, "Dating the First Australians," *Radiocarbon* 44, no. 20 (2020): 455–472.

14. M. Williams, N. A. Spooner, K. McDonnell, and J. F. O'Connell, "Identifying Disturbance in Archaeological Sites in Tropical Northern Australia: Implications for Previously Proposed 65,000-Year Continental Occupation Date," *Geoarchaeology* 36, no. 1 (2021): 92–108, 105; O'Connell and Allen, "The Restaurant at the End of the Universe"; J. O'Connell, J. Allen, M. Williams, et al., "When Did *Homo sapiens* First Reach Southeast Asia and Sahul?" *Proceedings of the National Academy of Sciences* 115, no. 34 (2018): 8482–8490.

在新的生态系统中生存

1. S. J. Wroe, "Australian Marsupial Carnivores: Recent Advances in Palaeontology," in M. Jones, C. Dickman, and M. Archer, eds., *Predators with Pouches: The Biology of Carnivorous Marsupials* (Collingwood, Victoria: CSIRO Publishing, 2003), 102–123; D. A. Rovinsky, A. R. Evans, D. G. Martin, and J. W. Adams, "Did the Thylacine Violate the Costs of Carnivory? Body Mass and Sexual Dimorphism of an Iconic Australian Marsupial," *Proceedings of the Royal Society B: Biological Sciences* 287 (2020): 20201537.

2. A. Gonzalez, G. Clark, S. O'Connor, and L. Matisoo-Smith, "A 3000 Year Old Dog Burial in Timor-Leste," *Australian Archaeology* 76, no. 1 (2013): 13–20.

3. R. Paddle, *The Last Tasmanian Tiger* (Cambridge: Cambridge University Press, 2003); D. Owen, *Thylacine: The Tragic Tale of the Tasmanian Tiger* (Baltimore: Johns Hopkins University Press, 2004).

4. K. Akerman and T. Willing, "An Ancient Rock Painting of a Marsupial Lion, *Thylacoleo carnifex,* from the Kimberley, Western Australia," *Antiquity* 83 (2009): 319; K. Akerman, "Interaction between Humans and Megafauna Depicted in Australian Rock Art?" *Antiquity,* Project Gallery, vol. 83, no. 322 (2009).

5. A. Goswami, N. Milne, and S. Wroe, "Biting through Constraints: Cranial Morphology, Disparity and Convergence across Living and Fossil Carnivorous Mammals," *Proceedings of the Royal Society B: Biological Sciences* 278 (2011): 1831–1839.

6. R. T. Wells and A. Camens, "New Skeletal Material Sheds Light on the Palaeobiology of the Pleistocene Marsupial Carnivore, *Thylacoleo carnifex,*" *PLOS One E* 13, no. 12 (2018): 0208020; D. Horton

and R. Wright, "Cuts on Lancefield Bones: Carnivorous *Thylacoleo, Not Humans, the Cause," Archaeology in Oceania* 16, no. 2 (1981): 73–80.

7. S. Wroe, C. Argot, and C. Dickman, "On the Scarcity of Big Fierce Carnivores and Primacy of Isolation and Area: Tracking Large Mammalian Predator Diversity of Two Isolated Continents," *Proceedings of the Royal Society B: Biological Sciences* 217 (2002): 1203–1211.

为何澳大利亚的故事被忽略了如此之久？

1. B. Griffiths, "'The Dawn' of Australian Archaeology: John Mulvaney at Fromm's Landing," *Journal of Pacific Archaeology* 8, no. 1 (2017): 100–111.

2. R. Hughes, *The Fatal Shore* (New York: Knopf, 1986), 84.

3. S. M. van Holst Pellekaan, "Genetic Research: What Does This Mean for Indigenous Australian Communities?" *Journal of Australian Aboriginal Studies* 1–2 (2000): 65–75.

4. R. Pullein, "The Tasmanians and Their Stone Culture," *Australasian Association for the Advancement of Science* 19 (1928): 294–314; I. Davidson, "A Lecture by the Returning Chair of Australian Studies, Harvard University 2008–2009: Australian Archaeology as a Historical Science," *Journal of Australian Studies* 34, no. 3 (2010): 377–398, 388; Griffiths, "'Dawn' of Australian Archaeology."

5. G. Hamm, P. Mitchell, L. Arnold, et al., "Cultural Innovation and Megafauna Interaction in the Early Settlement of Arid Australia," *Nature* 539 (2016): 280–283.

澳洲野狗的重要性

1. M. Fillios and P. Taçon, "Who Let The Dogs In? A Review of the Recent Genetic Evidence for the Introduction of the Dingo to Australia and Implications for the Movement of People," *Journal of Archaeological Science: Reports* 7 (2016): 782–792; A. R. Boyko, R. H. Boyko, C. M. Boyko, et al., "Complex Population Structure in African Village Dogs and Its Implications for Inferring Dog Domestication History," *Proceedings of the National Academy of Sciences* 106 (2009): 13903–13908; L. Shannon, R. Boyko, M. Castelhanoc, et al., "Genetic Structure in Village Dogs Reveals a Central Asian Domestication Origin,"

Proceedings of the National Academy of Sciences 112, no. 44 (2015): 13639–13644.

2. A. Ardalan, M. Oskarsson, C. Natanaelsson, et al., "Narrow Genetic Basis for the Australian Dingo Confirmed through Analysis of Paternal Ancestry," *Genetica* 140 (2012): 65–73; P. Savolainen, T. Leitner, A. Wilton, et al., "A Detailed Picture of the Origin of the Australian Dingo, Obtained from the Study of Mitochondrial DNA," *Proceedings of the National Academy of Sciences* 101 (2004): 12387–12390; K. Cairns and A. Wilton, "New Insights on the History of Canids in Oceania Based on Mitochondrial and Nuclear Data," *Genetica* 144 (2016): 553–565.

3. J. McIntyre, L. Wolf, B. Sacks, et al., "A Population of Free-Living Highland Wild Dogs in Indonesian Papua," *Australian Mammalogy* 42, no. 2 (2019): 160–166.

4. S. Surbakti, H. Parker, J. McIntyre, et al., "New Guinea Highland Wild Dogs Are the Original New Guinea Singing Dogs," *Proceedings of the National Academy of Sciences* 117 (2020): 24369–24376.

5. B. Gammage, *The Biggest Estate on Earth: How Aborigines Made Australia* (Sydney: Allen & Unwin, 2011).

6. J. Boyce, "Canine Revolution: The Social and Environmental Impact of the Introduction of the Dog to Tasmania," *Environmental History* 11, no. 1 (2006): 102–129. Much of the discussion that follows is after J. Boyce, *Van Dieman's Land,* 2nd ed. (Melbourne: Black, 2010), and archival sources cited therein.

7. E. Matisoo-Smith, "The Human Colonisation of Polynesia. A Novel Approach: Genetic Analyses of the Polynesian Rat (*Rattus exulans*)," *Journal of the Polynesian Society* 103 (1994): 75–87.

8. L. Corbett, "The Conservation Status of the Dingo *Canis lupus dingo* in Australia, with Particular Reference to New South Wales: Threats to Pure Dingoes and Potential Solutions," in C. Dickman and D. Lunney, eds., *The Dingo Dilemma: A Symposium on the Dingo* (Sydney: Royal Zoological Society of New South Wales, 2001), 10–19; L. Shannon, R. Boyko, M. Castelhanoc, et al., "Genetic Structure in Village Dogs Reveals a Central Asian Domestication Origin," *Proceedings of the National Academy of Sciences* 112, no. 44 (2015): 13639–13644.

9. S. Zhang, G-D. Wang, M. Pengcheng, et al., "Genomic Regions under Selection in the Feralization of the Dingoes," *Nature Communications* 11 (2020): 671.

10. B. Sacks, A. Brown, D. Stephens, et al., "Y Chromosome Analysis of Dingoes and Southeast Asian Village Dogs Suggests a Neolithic Con-

tinental Expansion from Southeast Asia Followed by Multiple Austronesian Dispersals," *Molecular Biology and Evolution* 30, no. 5 (2013): 1103–1118; K. Cairns, S. Brown, B. Sacks, and J. Ballard, "Conservation Implications for Dingoes from the Maternal and Paternal Genome: Multiple Populations, Dog Introgression, and Demography," *Ecology and Evolution* 7 (2017): 9787–9807.

11. See review in P. Shipman, "What Does the Dingo Say about Dog Domestication?" *Anatomical Record* 304 (2021): 19–30.

外来者如何侵入澳大利亚

1. J. Balme, S. O'Connor, and S. Fallon, "New Dates on Dingo Bones from Madura Cave Provide Oldest Firm Evidence for Arrival of the Species in Australia," *Nature Scientific Reports* 8 (2018): 9933–9939; K. Gollan, "The Australian Dingo: In the Shadow of Man," in M. Archer and G. Clayton, eds., *Vertebrate Zoogeography and Evolution in Australasia* (Perth: Hesperian Press, 1984), 921–927; G. Saunders, B. Coman, J. Kinnear, and M. Braysher, *Managing Vertebrate Pests: Foxes* (Canberra: Australian Government Publishing Service, 1995); I. Abbott, "The Spread of the Cat, *Felis catus,* in Australia: Re-examination of the Current Conceptual Model with Additional Animals," *Conservation Science Western Australia* 7, no. 1 (2008): 1–17.

2. A. Elledge, L. Allen, B-L. Carlsson, et al., "An Evaluation of Genetic Analyses, Skull Morphology and Visual Appearance for Assessing Dingo Purity: Implications for Dingo Conservation," *Wildlife Research* 35 (2008): 812–820; W. Parr, L. Wilson, S. Wroe, et al., "Cranial Shape and the Modularity of Hybridization in Dingoes and Dogs: Hybridization Does Not Spell the End for Native Morphology," *Evolutionary Biology* 43, no. 2 (2016): 171–187; A. Wilton, "DNA Methods of Assessing Australian Dingo Purity," in C. R. Dickman and D. Lunney, eds., *A Symposium on the Australian Dingo* (Sydney: Royal Zoological Society of New South Wales, 2017), 49–55; A. N. Wilton, D. J. Steward, and K. Zafaris, "Microsatellite Variation in the Australian Dingo," *Journal of Heredity* 90 (1999): 108–111; A. Ardalan, M. Oskarsson, C. Natanaelsson, et al., "Narrow Genetic Basis for the Australian Dingo Confirmed through Analysis of Paternal Ancestry,"*Genetica* 140 (2012): 65–73; K. Cairns and A. Wilton, "New Insights on the History of Canids in Oceania Based on Mitochondrial and Nuclear Data," *Genetica* 144 (2016): 553–565.

3. S. Surbakti, H. Parker, J. McIntyre, et al., "New Guinea Highland Wild Dogs Are the Original New Guinea Singing Dogs," *Proceedings of the National Academy of Sciences* 117, no. 39 (2020): 24369–24376; Ardalan et al., "Narrow Genetic Basis for the Australian Dingo."

4. D. Rose, *Dingo Makes Us Human* (New York: Cambridge University Press, 1992), 176–177.

5. B. Allen, "Do Desert Dingoes Drink Daily? Visitation Rates at Remote Waterpoints in the Strzelecki Desert," *Australian Mammalogy* 34, no. 2 (2011): 251–256; C. Hicks, "The Australian Aboriginal: A Study in Comparative Physiology," *Schweizerische Medizinische Wochenschrift* 71, no. 12 (1941): 385–388.

6. J. Balme and S. O'Connor, "Dingoes and Aboriginal Social Organization in Holocene Australia," *Journal of Archaeological Science: Reports* 7 (2016): 775–781.

7. R. A. Breckwold, *A Very Elegant Animal: The Dingo* (North Ryde, NSW: Angus & Robertson, 1988); Rose, *Dingo Makes Us Human,* 176–177.

8. The duality of the dingoes' role in Aboriginal peoples' thought is extensively discussed in M. Parker, "Bringing the Dingo Home: Discursive Representations of the Dingo by Aboriginal, Colonial, and Contemporary Australians" (B.A. honors thesis, University of Tasmania, 2006); F. Clark and I. Cahir, "The Historic Importance of the Dingo in Aboriginal Society in Victoria (Australia): A Reconsideration of the Archival Record," *Anthrozoös* 26, no. 2 (2013): 185–198, 193.

9. R. Gunn, R. Whear, and L. Douglas, "A Dingo Burial from the Arnhem Land Plateau," *Australian Archaeology* 71 (2010): 11–16.

10. Gunn et al., "A Dingo Burial," 12 (remark by Jacob Nayinggul, Kunwinggu elder, pers. comm. to Gunn, 1992).

11. G. Chaloupka, *Journey in Time: The World's Longest Continuing Art Tradition* (Chatswood, NSW: Reed, 1993); R. Gunn, R. Whear, and L. Douglas, "A Second Recent Canine Burial from the Arnhem Land Plateau," *Australian Archaeology* 71 (2010): 103–105; E. Kolig, "Aboriginal Man's Best Foe," *Mankind* 9, no. 2 (1973): 122–123; B. Griffiths, "'The Dawn' of Australian Archaeology: John Mulvaney at Fromm's Landing," *Journal of Pacific Archaeology* 8, no. 1 (2017): 100–111.

12. Parker, "Bringing the Dingo Home"; M. Fillios and P. Taçon, "Who Let the Dogs In? A Review of the Recent Genetic Evidence for the Introduction of the Dingo to Australia and Implications for the Movement of People," *Journal of Archaeological Science: Reports* 7 (2016): 782–792.

13. Breckwold, *A Very Elegant Animal.*

14. See, e.g., P. Veth, N. Stern, J. McDonald, et al., "The Role of Information Exchange in the Colonization of Sahul," in R. Whallon, W. Lovis, and R. Hitchcock, eds., *Information and Its Role in Hunter-Gatherer Bands* (Los Angeles: Cotsen Institute of Archaeology Press, 2011), 203–220.

15. J. Balme, I. Davidson, J. McDonald, et al., "Symbolic Behaviour and the Peopling of the Southern Arc Route to Australia," *Quaternary International* 202 (2009): 59–68.

16. P. Nunn and N. Reid, "Aboriginal Memories of Inundation of the Australian Coast Dating from More than 7000 Years Ago," *Australian Geographer* 47, no. 1 (2015): 1–37.

17. B. Pascoe, *Dark Emu: Aboriginal Australia and the Birth of Agriculture* (London: Scribe Publications, 2018).

18. P. Savolainen, P. Milheim, and P. Thompson, "Relative Antiquity of Human Occupation and Extinct Fauna at Madura Cave, Southeastern Western Australia," *Mankind* 10, no. 3 (1976): 175–180; J. Balme, S. O'Connor, and S. Fallon, "New Dates on Dingo Bones from Madura Cave Provide Oldest Firm Evidence for Arrival of the Species in Australia," *Scientific Reports* 8 (2018): 9933–9939.

19. M. Letnic, M. Fillios, and M. S. Crowther, "The Arrival and Impacts of the Dingo," in A. Glen and C. Dickman, eds., *Carnivores of Australia: Past, Present, and Future* (Clayton, Victoria: CSIRO Publishing, 2014), 53–68.

20. M. Letnic, M. Fillios, and M. S. Crowther, "Could Direct Killing by Larger Dingoes Have Caused the Extinction of the Thylacine from Mainland Australia?" *PLOS One* 7, no. 1 (2012): 34877–34882; M. Fillios, M. Crowther, and M. Letnic, "The Impact of the Dingo on the Thylacine in Holocene Australia," *World Archaeology* 44, no. 1 (2018): 118–134.

21. L. Koungolous and M. Fillios, "Hunting Dogs Down Under? On the Aboriginal Use of Tame Dingoes in Dietary Game Acquisition and Its Relevance to Australian Prehistory," *Journal of Anthropological Archaeology* 58 (2020): 101146.

22. A. Pope, C. Grigg, S. Cairns, et al., "Trends in the Numbers of Red Kangaroos and Emus on Either Side of the South Australian Dingo Fence: Evidence for Predator Regulation?" *Wildlife Research* 27 (2000): 269–276; A. Glen, C. R. Dickman, R. E. Soulé, and B. Mackey, "Evaluating the Role of the Dingo as a Trophic Regulator in Australian Ecosystems," *Austral Ecology* 32, no. 5 (2007): 492–501.

23. C. Johnson, J. Isaac, and D. Fisher, "Rarity of a Top Predator Triggers Continent-Wide Collapse of Mammal Prey: Dingoes and Marsupials in Australia," *Proceedings of the Royal Society B: Biological Sciences* 274 (2007): 341–346; M. Letnic, E. Ritchie, and C. Dickman, "Top Predators as Biodiversity Regulators: The Dingo *Canis lupus dingo* as a Case Study," *Biological Reviews* 87 (2012): 390–413.

不一样的故事

1. V. Pitulko, P. Nikolsky, E. Girya, et al., "The Yana RHS Site: Humans in the Arctic before the Last Glacial Maximum," *Science* 303, no. 5654 (2004): 52–56.

2. A. Stone, "Human Lineages in the Far North," *Nature* 570 (2019): 170–172.

3. D. Meltzer, D. Grayson, G. Ardilla, et al., "On the Pleistocene Antiquity of Monte Verde, Southern Chile," *American Antiquity* 62, no. 4 (1997): 659–663, 662.

4. T. Dillehay, *Monte Verde: A Late Pleistocene Site in Chile,* vol. 2 (Washington, DC: Smithsonian Institution Press, 1997).

5. J. Erlandson, "After Clovis-First Collapsed: Reimagining the Peopling of the Americas," in K. Graf, C. Ketron, and M. Waters, eds., *Paleo American Odyssey* (College Station: Texas A&M University Press, Center for the Study of the First Americans, 2013), 127–132, 127.

6. R. Tamm, M. Reidla, M. Metspalu, et al., "Beringian Standstill and Spread of Native American Founders," *PLOS One* 2, no. 9 (2007): e829; B. Potter, J. Irish, J. Reuther, et al., "Terminal Pleistocene Child Cremation and Residential Structure from Eastern Beringia," *Science* 331 (2011): 1058–1062.

7. J. V. Moreno-Mayar, B. Potter, V. Lasse Vinner, et al., "Terminal Pleistocene Alaskan Genome Reveals First Founding Population of Native Americans," *Nature* 553 (2018): 203–208; J. Tackney, B. Potter, J. Raff, et al., "Two Contemporaneous Mitogenomes from Terminal Pleistocene Burials in Eastern Beringia," *Proceedings of the National Academy of Sciences* 112, no. 45 (2015): 13833–13838.

8. A. Bergström, L. Frantz, R. Schmidt, et al., "Origins and Genetic Legacy of Prehistoric Dogs," *Science* 370 (2020): 557–564.

9. G. Perry, N. Dominy, K. Claw, et al., "Diet and the Evolution of Human Amylase Gene Copy Number Variation," *Nature Genetics* 39 (2007): 1256–1260.

向北进发

1. The discussion following relies heavily on information reported in R. V. Losey, S. Garvie-Lok, M. Germonpré, et al., "Canids as Persons: Early Neolithic Dog and Wolf Burials, Cis-Baikal, Siberia," *Journal of Anthropological Archaeology* 30 (2011): 174–189; R. Losey, S. Garvie-Lok, J. A. Leonard, et al., "Burying Dogs in Ancient Cis-Baikal, Siberia: Temporal Trends and Relationships with Human Diet and Subsistence Practices," *PLOS One* 8, no. 5 (2013): e63740; R. Losey, T. Nomokonova, L. Fleming, et al., "Buried, Eaten, Sacrificed: Archaeological Dog Remains from Trans-Baikal, Siberia," *Archaeological Research in Asia* 16 (2018): 58–65.

2. V. I. Bazaliiskiy and N. A. Savelyev, "The Wolf of Baikal: the 'Lokomotiv' Early Neolithic Cemetery in Siberia (Russia)," *Antiquity* 77 (2003): 20–30.

3. I. Paulsen, "The Preservation of Animal-Bones in the Hunting Rites of Some North-Eurasian people," in V. Dioszegi, ed., *Popular Beliefs and Folklore Traditions in Siberia* (The Hague: Mouton and Co., 1968), 448–451; Bazaliiskiy and Savelyev, "Wolf of Baikal"; A. W. Weber, "The Neolithic and Early Bronze Age of the Lake Baikal Region, Siberia: A Review of Recent Research," *Journal of World Prehistory* 9, no. 1 (1995): 99–165; A. Perri, "A Typology of Dog Deposition in Archaeological Contexts," in P. Rowley-Conwy, P. Halstead, and D. Serjeantson, eds., *Economic Zooarchaeology: Studies in Hunting, Herding and Early Agriculture* (Oxford: Oxbow Books, 2017), chap. 11.

4. V. Pitulko, V. Ivanova, A. Kasparov, and E. Pavlova, "Reconstructing Prey Selection, Hunting Strategy and Seasonality of the Early Holocene Frozen Site in the Siberian High Arctic: A Case Study on the Zhokhov Site Faunal Remains, De Long Islands," *Environmental Archaeology* 20, no. 2 (2015): 120–157.

5. A. Bergström, L. Frantz, R. Schmidt, et al., "Genetics and Origin of Prehistoric Dogs," *Science* 370, no. 6516 (2020): 557–564.

6. L. Loog, O. Thalmann, M-H. Sinding, et al., "Modern Wolves Trace Their Origin to a Late Pleistocene Expansion from Beringia," *Molecular Ecology* 29, no. 9 (2020): 1596–1610.

7. C. Ameen, T. Feuerborn, S. Brown, et al., "Specialized Sledge Dogs Accompanied Inuit Dispersal across the North American Arctic," *Proceedings of the Royal Society B: Biological Sciences* 286, no. 1916 (2019), https://doi.org/10.1098/rspb.2019.1929.

8. M. Ní Leathlobhair, A. Perri, E. Irving-Pease, et al., "The Evolutionary History of Dogs in the Americas," *Science* 361 (2018): 81–85.

9. J. Leonard, R. Wayne, J. Wheeler, et al., "Ancient DNA Evidence for Old World Origin of New World Dogs," *Science* 289 (2002): 1613–1616.

10. A. Perri, T. Feuerborn, L. Frantz, et al., "Dog Domestication and the Dual Dispersal of People and Dogs into the Americas," *Proceedings of the National Academy of Sciences* 118 (2021): 201003118.

前往地球尽头

1. F. Perini, C. Russo, and C. Schrago, "The Evolution of South American Endemic Canids: A History of Rapid Diversification and Morphological Parallelism," *Journal of Evolutionary Biology* 23 (2010): 311–332; P. Stahl, "Early Dogs and Endemic South American Canids of the Spanish Main," *Journal of Anthropological Research* 69 (2013): 515–533.

2. D. Kleiman, "Social Behavior of the Maned Wolf (*Chrysocyon brachyurus*) and Bush Dog (*Speothos venaticus*): A Study in Contrast," *Journal of Mammalogy* 53, no. 4 (1972): 791–806; A. Berta, "*Cerdocyon thous*," *Mammalian Species,* no. 186 (1982): 1–4; B. de Mello Beisiegel and G. Zuercher, "*Speothos venaticus,*" *Mammalian Species,* no. 783 (2005): 1–6.

3. G. Slater, O. Thalmann, J. Leonard, et al., "Evolutionary History of the Falklands Wolf," *Current Biology* 19, no. 20 (2009): R937–R938.

4. C. Posth, N. Nakatsuka, I. Lazaridis, et al., "Reconstructing the Deep Population History of Central and South America," *Cell* 175 (2018): 1185–1197; M. Raghavan, M. Steinrücken, K. Harris, et al., "Genomic Evidence for the Pleistocene and Recent Population History of Native Americans," *Science* 349 (2015): 1185–1197; P. Skoglund, S. Mallick, M. Bortolini, et al., "Genetic Evidence for Two Founding Populations of the Americas," *Nature* 525 (2015): 104–108.

5. F. Vander Velden, "Narrating the First Dogs: Canine Agency in the First Contacts with Indigenous Peoples in the Brazilian Amazon," *Anthrozoös* 30, no. 4 (2017): 533–548.

6. Vander Velden, "Narrating the First Dogs."

7. J. Koster and K. Tankersley, "Heterogeneity of Hunting Ability and Nutritional Status among Domestic Dogs in Lowland Nicaragua," *Proceedings of the National Academy of Sciences* 109, no. 8 (2012):

E463–E470; J. Koster, "Hunting Dogs in the Lowland Neotropics," *Journal of Anthropological Research* 65 (2009): 575–610.

8. C. Wynne, *Dog Is Love: Why and How Your Dog Loves You* (New York: Houghton Mifflin Harcourt, 2019); B. vonHoldt, J. Pollinger, K. Lohmuelle, et al., "Genome-wide SNP and Haplotype Analyses Reveal a Rich History Underlying Dog Domestication," *Nature* 464 (2010): 898–903.

致　谢

本书的写作离不开诸位友人的帮助，包括Cheryl Glenn，Jon Olson，Marian Copeland，Carol Phillips，Helga Vierich，Iain Davidson，Melanie Fillios，Sue O'Connor，Jane Balme，Vladimir Pitulko，Robert Losey，Mietje Germonpré，Bob Wayne，Blaire Van Valkenburgh，Bridgett vonHoldt，Chris Mason，Mike Waters，Tom Dillehay，Bradley Smith，Lyn Watson，Leigh Mullen，Jeffrey Mathison，Greg Retallack，Nina Jablonsky，George Chaplin，Mara Connolly Taft，以及 "Mack" McIntyre。能力有限，我或许不慎遗漏了一些朋友的名字，但也在此一并表示感谢。同时，还要感谢诸多学者在相关领域的杰出成果，这些成果对我意义重大。感谢大家！